現代經紀人
理論與實務教程

編著／陳淑祥、張馳、冉梨

前　言

　　經紀業是市場經濟不可或缺的組成部分，經紀人是 21 世紀全球最活躍的人才之一。一個經濟發達的國家，與它擁有一批卓有成效的經紀學家和一大批優秀的經紀專業人才是分不開的。為適應社會主義市場經濟發展需要，中國經紀人事業迅速發展，各類經紀人廣泛活躍在各類市場上，成為市場經濟發展不可缺少的重要力量。但目前專職及兼職的經紀人隊伍中，專家型、專業型的經紀人才太少，相關的比較系統的教材等資料也相當少，且內容都比較陳舊，本書的編寫正是在這樣的背景下展開的。

　　本教材主要內容包括：經紀人概述、經紀人的活動方式和組織形式、經紀人應具備的素質、一般經紀人（包括生產資料經紀人、消費品市場經紀人）和特殊行業經紀人（包括保險、證券、期貨、技術、房地產、勞動力、文化、體育等經紀人）的發展狀況、經紀業務行銷、經紀業務運作過程和技巧等。

　　本書可作為商務經紀專業的專業課程教材，也可以作為其他專業的選修課程教材，還可以作為各項經紀人培訓的基礎教材，以及作為社會各界人士學習和瞭解經紀知識的參考資料。全書共分十五章，編寫分工如下：陳淑祥編寫九章，即第一、二、三、四、六、八、九、十三、十五章；張馳編寫三章，即第五、七、十章；冉梨編寫三章，即第十一、十二、十四章。

　　本書在編寫過程中，我們參閱借鑑了一些專家學者的研究成果。在此，向所有為本書的編輯出版直接或間接做出貢獻的朋友們表示感謝。經紀人理論與實踐研究範圍廣，有許多尚待進一步探索的新問題、新情況，由於我們的能力、時間有限，書中難免存在一些不足，敬請讀者和其他來自理論界、教育界和實業界的專家學者們不吝賜教。

陳淑祥等

目 錄

第一章　經紀人概述 ·· (1)
　　第一節　經紀人的歷史沿革 ·································· (1)
　　第二節　經紀人種類及作用 ·································· (4)
　　第三節　經紀人特徵及權利義務 ······························ (7)
　　第四節　經紀收入——佣金 ·································· (9)

第二章　經紀人素質要求和組織形式 ································ (12)
　　第一節　經紀人素質要求 ···································· (12)
　　第二節　經紀人的組織形式 ·································· (14)

第三章　經紀業務基礎 ·· (18)
　　第一節　經紀業務的內容與程序 ······························ (18)
　　第二節　經紀業務與商務談判 ································ (20)

第四章　一般經紀人 ·· (26)
　　第一節　一般經紀人的特徵和作用 ···························· (26)
　　第二節　生產資料市場經紀人 ································ (27)
　　第三節　消費品市場經紀人 ·································· (30)

第五章　期貨經紀人 ·· (33)
　　第一節　期貨的一般概念 ···································· (33)
　　第二節　期貨經紀人 ·· (37)
　　第三節　期貨經紀業務 ······································ (40)

第六章　證券經紀人 ………………………………………（43）

　　第一節　證券市場 …………………………………………（43）
　　第二節　證券經紀人 ………………………………………（47）
　　第三節　證券經紀業務 ……………………………………（54）

第七章　保險經紀人 ………………………………………（60）

　　第一節　保險市場 …………………………………………（60）
　　第二節　保險經紀人 ………………………………………（61）
　　第三節　保險經紀業務 ……………………………………（66）

第八章　技術經紀人 ………………………………………（70）

　　第一節　技術市場 …………………………………………（70）
　　第二節　技術經紀人 ………………………………………（72）
　　第三節　技術經紀業務 ……………………………………（75）

第九章　資訊經紀人 ………………………………………（78）

　　第一節　資訊市場 …………………………………………（78）
　　第二節　資訊經紀人 ………………………………………（80）
　　第三節　資訊經紀業務 ……………………………………（81）

第十章　房地產經紀人 ……………………………………（84）

　　第一節　房地產市場與房地產經紀 ………………………（84）
　　第二節　房地產經紀人概述 ………………………………（86）
　　第三節　房地產經紀業務與管理 …………………………（89）

第十一章　文化經紀人 ……………………………………（92）

　　第一節　文化市場 …………………………………………（92）
　　第二節　文化經紀人 ………………………………………（93）

第三節　文化經紀人業務 ………………………………………………（ 97 ）

第十二章　體育經紀人 ………………………………………………（104）
第一節　體育市場 ………………………………………………………（104）
第二節　體育經紀人 ……………………………………………………（107）
第三節　體育經紀業務 …………………………………………………（114）

第十三章　勞動力經紀人 ……………………………………………（120）
第一節　勞動力市場 ……………………………………………………（120）
第二節　勞動力經紀人 …………………………………………………（124）
第三節　勞動力經紀業務 ………………………………………………（128）

第十四章　農村經紀人 ………………………………………………（131）
第一節　農村經紀人 ……………………………………………………（131）
第二節　農村經紀人業務 ………………………………………………（134）

第十五章　國際貿易經紀人 …………………………………………（140）
第一節　國際經紀人概述 ………………………………………………（140）
第二節　國際貿易經紀人 ………………………………………………（143）

第一章　經紀人概述

第一節　經紀人的歷史沿革

「經紀人」在人們的傳統思維裡大概是倒爺、穴頭、捐客、黃牛等一類詞彙的組合，似乎是個充滿蔑視的稱謂。在現代社會裡，經紀人已經活躍在各個領域，名模歌星自是少不了經紀人相助，就是普通百姓，但凡購房買車之類，經紀人也會鞍前馬後樂此不疲。生活中種種經紀公司更是讓人眼花繚亂，諸如證券經紀、期貨經紀、保險經紀、資訊經紀、房地產經紀、汽車經紀等。之所以會有如此繁多的經紀公司、經紀人，主要是因為現代社會經濟的日益繁榮和社會分工的日趨精細，只要出現商品買賣，就會出現經紀人。職業經紀人的「錢景」也很誘人，年薪幾萬至幾千萬元不等。

一、經紀人概念

所謂「經紀人」，是指那些在市場上促成買賣雙方交易，並以此獲取佣金的中間商。但在具體定義上，國內外一直眾說紛紜。

美國市場學家菲利浦·R. 特奧拉在《國際市場經營》一書中說：「經紀人是提供廉價代理服務的各種中間人的總稱，他們與客商之間無連續性關係」。在法國，經紀人被稱為「奔跑的人」。日本商法學者的看法是：經紀人是以他人間經商行為的媒介為職業的人，其本身是獨立的商人。《牛津法律大辭典》認為：「經紀人是一種商業代理人。他通常的活動是受託簽訂財產或商品買賣合同，但他並不佔有這些財產或商品，也不擁有它們的產權憑證。」中國《辭海》把經紀人定義為「是為買賣雙方介紹交易以獲取佣金的中間商人」。《經濟大辭典》稱「經紀人為中間商人」。1995年國家工商行政管理局頒發的《經紀人管理辦法》中指出：「本辦法所稱經紀人，是指依照本辦法的規定，在經濟活動中，以收取佣金為目的，為促成他人交易而從事居間、行紀或者代理等經紀業務的公民、法人和其他經濟組織。」

各國對經紀人概念的表述儘管有所不同，但對經紀人的概念所包括的四個方面的內容則是相同的：①經紀人在經紀活動中以收取佣金為目的；②經紀人為促成他人交易而進行服務活動；③經紀人的活動形式主要包括居間、行紀（代買/賣）、代理等；④經紀活動主體分別為公民、法人和其他經濟組織。這四個共同點表明經紀人的經營性質是以收取佣金為目的，經營的特點是為促成他人交易進行服務活動。

二、經紀人的產生和發展

（一）中國經紀人的產生和發展

經紀業務和經紀人不是近些年才產生的。在中國，經紀人的發展可以追溯到兩漢時期，至今已有2,000多年的歷史，這個過程大致可以劃分為古代、近代、現代三個階段。

1. 中國古代的經紀人

在中國古代，農民會把自耕自種的穀物和手工產品轉化為商品進行交換，但由於他們不熟悉市場行情、不瞭解對方的需求，交易往往難以成功。雙方為了維護自身的利益，總是爭執不下。這時候為了協調買賣、引導交換，專門為買賣雙方牽線搭橋的仲介人——經紀人便產生了。經紀人在古代被稱為馹會、質人、牙人、牙郎等。

2. 中國近代的經紀人

第一次鴉片戰爭後，由於外商的進入，中國產生了一種新型仲介人——買辦。

第二次鴉片戰爭後，外商為達到交易目的，需要利用一些誠信可靠的特殊仲介人。這樣，一大批特殊仲介人即經紀人在通商口岸得以迅速湧現。當時，一些略微通曉外語又熟悉市場行情的人，都能充當經紀人。

民國的建立打破了封建桎梏，經紀人受到了法律的保護，經紀活動合法化，經紀人也比較活躍。當時的經紀領域主要有證券、金融業、機製麵粉、紗布、糧油等。經紀人與委託人的關係是經紀人接受委託，替委託人在交易所內進行交易。這一時期，經紀人接受委託的有關規則已比較嚴整。另外，政府對經紀人有著一套較嚴格的管理製度，包括對經紀人的申請手續、經紀人任職資格的限制及取消、經紀人的權利和義務及其與代理人的關係、經紀人公會等眾多方面的規定。

3. 中國現代的經紀人

新中國成立後，在計劃經濟體制下，經紀人幾乎沒有生存空間。黨的十一屆三中全會以後，經紀人在經濟生活中又開始重新出現。

1986年，重慶市工商局批准成立了全國第一家經紀人公開活動場所——重慶市工業品貿易中心，這標示著經紀人的發展進入了一個新的階段。1990年以後，上海、深圳兩地證券交易所及中國期貨市場開始試點，又一次提高了人們對經紀活動的認識，經紀人的發展速度加快。1992年，一些省市相繼出現了經紀事務所、經紀公司，同時這些省市也加強了對經紀人的培訓和發照管理工作。鎮江市成立了全國第一個經紀人事務所，珠海市推出了全國第一個《經紀人管理條例》，河北省大名縣成立了第一個經紀人協會。

1992年，鄧小平的南方談話和黨的十四大提出建立社會主義市場經濟體制，徹底解放了人們的思想，從此中國經紀人發展進入新的階段。國家工商行政管理總局於1995年10月26日頒布了中國第一部規範經紀人活動的全國性行政規章——《經紀人管理辦法》。

在政府的保護和推動下，經紀人發展迅速。目前，經紀人已廣泛活躍在消費品、

生產資料、金融、證券、期貨、房地產、科技、資訊、勞動力、運輸、產權、文化、體育、旅遊等各類市場上，以其熟練的專業知識和社會化服務，在溝通供需、活躍流通、傳播資訊、引導生產、促進社會資源的合理配置等方面，發揮著日益重要的作用。

（二）國外經紀人的發展歷史進程

在古希臘、古羅馬時代即已出現經紀人，當時無論何人都可自由選擇此產業。到了中世紀，不是經紀人團體成員，不得從事經紀營業，因而經紀人帶有公職的性質。後來經紀人的官吏性質日益增加，政府對私自從事經紀業的人實行嚴罰，加以禁止。但是，隨著資本主義的產生和發展，一些國家（如日本、英國）不再把經紀人看作是官吏的一種並嚴加控制，而是允許經紀人得到許可後從事經紀業。後來，隨著資本主義市場貿易和商品經濟的迅速發展，許多國家對經紀人採取自由主義態度，即什麼人都可自由充當經紀人，並對經紀人的權利、義務、佣金數額、給付期限等都作了明確和周詳的法律規定。

最早把經紀人載入資本主義法律的是《法國民法典》。該法典把「居間契約」專門作為一節，共5條，其中對居間契約的訂立、佣金給付期限、報酬請求權的產生和喪失、報酬的確定和減少等問題作了較完善的規定。這些規定後來被許多資本主義國家（如德國、瑞士等）沿襲採用。西方資本主義國家關於經紀人的法律規定，不僅直接體現在民法及其他經濟法規中，且與國家公務員法、文官法等行政法規也有聯繫。例如，法國文官法規定：「公務員不得借職務上的便利，從事可以獲得私利的活動，但法規另有除外之規定，不在此限。」新加坡公務員法規定：「公務員非經獲得書面許可，不得從事任何商業活動，為他人做有報酬的工作；公務員不得利用官方資訊或其他地位謀取個人利益。」隨著現代化大生產的高速發展，經濟活動日益社會化、國際化，在這樣一個國際經濟大循環中，經紀人更是日趨活躍，並利用現代化的通信設備和交通工具，往來四方，調劑餘缺，互通有無，因而現代化經紀活動不僅具有普遍性和廣泛性，而且還具有國際性。

三、中國經紀業的現狀

中國經紀人事業的發展是很不平衡的，一般開放較早和開放程度較深的地方，經紀人就多，他們的事業就較發達。1993年，據十個經紀人活動較多的省、直轄市、自治區不完全統計，經各級工商行政管理部門登記註冊的合法經紀人有21,118名，未經有關部門登記註冊的經紀人為43,222名，後者超出前者一倍多。在上述地域內，有經紀人組織（公司）1,012個。廣州算是經紀人活動發展較快的城市，當時有合法經紀人1,074個，「地下經紀人」約8,000個，後者超出前者更多。2001年，據國家工商行政管理總局對東南沿海以及經濟特區等部分省市經紀機構和經紀人的統計，當年的經紀機構、經紀人的數量比兩年前增加了222.86%。2013年，青島全市共有各類經紀組織2萬餘戶，經紀執業人員11萬餘人。2014年，中國具有執業資格和註冊登記的各類經紀組織約有400萬個，經紀執業人員1,000多萬人。這些經紀人既包括從事生產資料、生活資料的一般經紀人，也包括從事保險、證券、房地產、技術、資訊、勞務、

體育、文化、期貨等的特殊經紀人。這些經紀組織分佈在各省、直轄市、自治區，在不同程度上發揮著各自的作用，甚至成為人們生活中不可缺少的一部分。目前中國經紀業發展具有以下特點：

（1）經紀人供需缺口大。目前中國經紀業仍處在高速發展時期，經紀人的供給遠遠跟不上市場需求，特別是技術、證券、外貿、文化、會展等經紀人缺口較大，專職的專家型經紀人太少，使一些產業經紀業不發達。如會展經紀，在會展經濟發達的上海，平均一天一展，北京、廣東更是一天數展。但在中西部一些地方，一周或一月一展都難。社會急需大量專家型的經紀人才。

（2）市場管理不規範。某些領域的經紀人管理較鬆散，無照經紀人大量存在，違規操作、通過不正當手段爭取用戶、利用非法經紀牟取暴利等現象並不少見。這種不規範一方面對相關立法部門和監管當局提出了要求，另一方面也反應了中國經紀產業需求和發展空間都很大的現狀。

（3）從業人員素質有待提升。目前經紀人一半是專職，一半是兼職，素質也參差不齊，多數沒有經過系統培訓，社會上專門的培訓機構也少。

（4）佣金收取標準不規範。各產業、各地區佣金收取標準各異，比較混亂。

（5）經紀活動的合同化程度不高，特別是在農村。當事人在經紀活動中無資產保證，因而契約約束力不強，經紀人違約得不到追究。

第二節　經紀人種類及作用

一、經紀人的種類

1. 按活動方式分

按活動方式的不同，經紀人可分為居間經紀人、行紀經紀人和代理經紀人等。

居間經紀人，是指經紀人為委託人充當介紹或者提供訂立合同的條件，撮合、促成委託人與第三人交易而進行經紀活動的一種業務活動方式。

行紀經紀人，是指經紀人為委託人提供代購代銷和寄售商品等服務的一種經紀活動業務方式。

代理經紀人，是指代理人在代理權限內，以被代理人的名義實施的法律行為，由此而產生的權利和義務直接對被代理人發生效力。

2. 按組織形式分

按組織形式的不同，經紀人可分為個體經紀人、個人獨資經紀人、合夥經紀人、公司經紀人和其他兼營經紀業務的經濟組織。

3. 按活動場所和涉及領域分

按活動場所和涉及領域的不同，經紀人可為一般經紀人和特殊產業經紀人。

一般經紀人，是指專門為現貨商品流通提供居間、行紀和代理服務的經紀人，如農產品經紀人、生產資料經紀人等。一般而言，一般經紀人只要具備合法的主體資格

就可以從事經紀業務活動，不需要具有特定的業務資格。

特殊產業經紀人，是指專門為非商品流通領域或特殊商品流通提供居間、行紀和代理服務的經紀人，如保險經紀人、證券經紀人、期貨經紀人、文化經紀人、體育經紀人、旅遊經紀人、廣告經紀人、勞動力經紀人、技術經紀人、資訊經紀人、房地產經紀人等。一般而言，特殊產業經紀人既要具備合法的主體資格，又要具有特定的業務資格。

4. 按分佈地域分

按分佈地域的不同，經紀人可分為城市經紀人、農村經紀人和邊貿經紀人。

城市經紀人，是指以大中城市為依託，從事經紀活動的經紀人。這類經紀人構成人員廣泛，基本素質較高，組織形式多樣，經營業務熟悉，是中國經紀人隊伍的主力軍。

農村經紀人，是指以廣大農村為依託，從事經紀活動的經紀人。這類經紀人往往以自然人身分從事獨立經紀活動，不一定有固定的服務時間和地點，主要為農戶提供商品、技術、資訊等仲介服務，在農戶和市場之間牽線搭橋，對活躍農村經濟起著積極的推動作用。

邊貿經紀人，是指以邊界線為依託，進行經紀活動的經紀人。這類經紀人大部分是當地農民，與周邊國家居民有著長期的交往和接觸，瞭解對方的習俗、語言和需要，經紀活動的形式多樣，方法靈活，涉及領域較廣，為發展中國與周邊國家之間的經貿交往起著非常重要的作用。

5. 按素質水準分

按素質水準的不同，經紀人可分為普通型經紀人和專家型經紀人。

普通型經紀人，是指熟悉經紀活動的一般技能，不需要掌握特定專業知識的經紀人。這類經紀人由於受本身素質和業務的限制，只能從事一般性的經紀業務，其涉及的面較廣，人數最多，而且這類經紀人大部分為兼職。一般經紀人大多數屬於普通型經紀人。

專家型經紀人，是指除了掌握經紀活動的技能外，還在某類產品或服務上具有專門知識的經紀人。這類經紀人具有較高的文化修養和技術水準，其本身就是某一方面的專家，如證券經紀人、期貨經紀人、科技經紀人、外貿經紀人等。專家型經紀人是中國發展經濟最急需的，也是需要國家大力培養的。

6. 按職業特點分

按職業特點的不同，經紀人可分為專業經紀人和兼職經紀人。

專業經紀人，是指以從事經紀活動為其唯一職業的經紀人。這類經紀人就個人而言，是指專門從事經紀業務活動的個人；就企業或組織而言，是指專門從事經紀業務活動的各種機構。這類經紀人不從事任何其他生產經營活動，如經紀公司、經紀行、經紀人事務所等。

兼職經紀人，是指除從事經紀業務活動外，還有其他職業的經紀人。這類經紀人就個人而言，是指利用業餘時間不定期地開展經紀業務活動的經紀人；就企業或組織而言，主要是指除了開展正常經營活動外，還為社會提供各種資訊服務和代理活動的

各類工商企業，這實際上就是以企業的名義從事經紀活動。

7. 按合法與否分

按合法與否劃分，經紀人可分為合法經紀人和非法經紀人。

合法經紀人，是指那些經工商行政管理部門登記註冊，有營業執照，並能奉公守紀、依法經營的經紀人。

非法經紀人，是指那些既沒有經工商行政管理部門登記註冊，沒有領取營業執照，又不能奉公守紀、依法經營的經紀人。

經紀人是否合法的標準主要有兩個：其一是主體是否合法。凡是經工商行政管理部門登記註冊，領取營業執照的，就是合法經紀人；否則，就是非法經紀人。其二是行為是否合法。凡是奉公守紀，依法經營的，就是合法經紀人；否則，就是非法經紀人。對於前者，我們要大力保護其合法權益，鼓勵其迅速發展；對於後者，我們要堅決取締，對嚴重違法亂紀者還要予以行政和司法制裁。因此，廣大經紀人都應當爭做合法經紀人。

二、經紀人在經濟發展中的作用

經紀人雖然從主觀上來看是為獲取佣金，但從客觀上來看，其卻在經濟運行中發揮了廣泛的積極作用。他們的社會功能體現在如下六個方面：

1. 協助資訊傳播

資訊在經濟中的重要地位毋庸多言。經紀人一方面憑藉自身的資訊優勢為買賣雙方提供和傳遞真實、有效、準確的市場資訊，另一方面也利用掌握的專業知識為顧客解答疑難、提供支持情報。可以說，資訊是經紀人所掌握的最重要的資源，這些重要的資訊資源又通過經紀人為社會的進步做出了重要貢獻。

2. 加速商品流通

商品的流通速度對於一個企業來說決定了它的生死存亡，對於一個社會來說則表徵了它的繁榮程度。經紀人通過自己提供的服務，使供求雙方更迅速、更準確地對接到一起，並更順暢地完成交易，從而加速了社會商品的流通。

3. 促進生產發展

經紀人的活動在加速商品流通的同時，也促進了生產的發展。經紀人使得商品需求方的需求更快更好地得到滿足，同時也讓商品的供給方得以專心致志地投入生產，擴大產出。

4. 活躍市場經濟

通過更細化的分工，經紀人事實上承擔了很多尋找市場、發現市場和挖掘市場的任務，並且通過經紀活動降低了市場經濟中的交易成本，成為市場活動中的「潤滑劑」和「催化劑」。

5. 強化資源配置

從更宏觀的角度看，經紀人促進了資源的強化配置。如何優化社會的資源配置是宏觀經濟學關注的重大課題，因為相對於人類的慾望來說，資源總是有限的。經紀人通過傳播資訊、撮合供求雙方、提供專業服務等活動，使得資源從總體上能夠向最需

要或最有效率的個人或部門流動。

6. 提供就業機會

經紀人屬於第三產業，即服務業。在國外，經紀人的跨產業行為極多，活躍在各行各業中，從業人員數量大、素質較高。而在中國，服務業占國內生產總值的比重距離發達國家服務業占國內生產總值的比重還有很大差距，服務業還有很大的增長空間，經紀業還是一個人才短缺的產業。隨著經濟的發展，中國對經紀人的需求將會越來越大，從而可以為社會提供更多的工作機會。

第三節　經紀人特徵及權利義務

一、經紀人活動特徵

經紀人經營活動是以收取佣金為目的的，具有經營性質。與一般經營活動相比較，其具有以下七個特徵：

（1）廣泛性。經紀活動的廣泛性表現為：其一，是活動空間範圍的廣泛性。經紀活動是商品經濟和市場經濟的衍生物。在市場經濟條件下，市場活動紛繁複雜，各類商品名目繁多，市場供需千變萬化，這就為經紀活動提供了廣闊的活動空間。可以說，市場上有多少種供需關係，就有多少種經紀活動，經紀活動可以滲透到社會的各行各業、遍及全國城鄉。其二，是經紀活動主體即經紀人的廣泛性。經紀人可以是自然人，可以是合夥人，也可以是法人，只要能為市場上買賣雙方提供仲介服務，都可以依法成為經紀人。

（2）服務性。在經紀活動中，經紀人只提供服務，本身不從事直接的經營活動。經紀人不得從賣方那裡買入所經紀的商品、技術而變成買方，也不得向買方出售自己的商品、技術而成為賣方。如果經紀人在經紀活動過程中發現了有利的市場機會而自己直接買入或賣出的話，就變經紀服務為直接的商品買賣行為，變經紀性質為經銷性質了。這樣一來，經紀人的目的就變成了獲取最大利潤而不是收取佣金，而這在許多國家都是被禁止的。這就是說，經紀人要忠實於他的委託人，經紀行為要圍繞委託人的利益進行，如果允許經紀人直接經營所經紀的商品，這樣就會損害委託人的利益。規範意義上的經紀人與俗稱的「倒爺」完全是兩回事，經紀活動也不等於倒買倒賣。

（3）報酬性。經紀人所提供的仲介服務和其他服務項目一樣，也是一種商業性質的服務。當買賣雙方在經紀人的服務下成交時，經紀人就有權向享受此種服務的買賣雙方收取一定的報酬。這就是說，經紀人的經紀活動是有償的，不是義務的，某一經紀活動一旦取得成功，買賣雙方至少有一方必須支付給經紀人報酬。應當注意的是，經紀活動的報酬與經紀活動的費用是不同的，經紀活動的報酬在實踐中通常被稱作佣金。

（4）合法性。經紀活動是一項法律活動，在經紀活動中，經紀人的權利與義務是對等的，經紀行為必須符合國家法律、法規的規定，同時也受到法律的保護。經紀人

開展經紀業務活動的合法性，包括主體合法和行為合法兩個方面：主體合法就是要通過工商行政管理部門登記註冊，領取營業執照；行為合法就是要遵紀守法，依法經營。只有合法經紀才能受到法律的保護。

（5）非商品性。經紀人既不是商品生產者，也不是商品的供應者或購買者。他對買方或賣方的貨幣和商品沒有留用權、抵押權，也不擁有所有權、使用權。他只擁有資訊支配權，知道何處可供某類商品而何處又需要這些商品，並能為買賣雙方提供服務。因此，經紀人只需擁有少量的固定資本和流動資本，無須擁有任何商品。

（6）非連續性。經紀人服務的對象一般僅限於某些特定的客戶。經紀活動通常是就某一特定事項提供服務，經紀人和委託人無長期、固定的合作關係，特定事項一旦完成，委託關係即告終止，這就決定了經紀活動具有非連續性的特點。作為優秀或出色的經紀人，必須熟悉這一特點，在每一筆經紀業務中，努力給買賣雙方留下良好的印象，力爭把非連續的業務轉化成連續的業務。

（7）靈活性。由於經紀人在經紀活動中沒有實際的商品所有權，只是為買賣雙方提供資訊服務，一旦交易成功，就可以收取佣金；如果交易不成功，也沒有很大的損失。同時，經紀人投入的經營資本相對不大，經營成本不高，承擔的經營風險相對較小，因而如果有經營條件，就可以從事此項業務；沒有經營條件，就可以等待機會，進退靈活。

二、經紀人的權利與義務

經紀活動作為一項法律活動，必須符合權利與義務對等的原則。經紀人要擁有一定的權利，同時也要履行相應的義務。權利是相對於義務而言的，義務也是相對於權利來講的，絕沒有不需要盡義務的權利或沒有權利的義務。全面完整地規定經紀人的權利和義務，是對經紀人進行依法管理的核心內容。

1. 經紀人的權利

在一般意義上，權利是指公民或組織成員依法享有的權力和利益。經紀人的權利，是指經紀人在開展經紀業務活動時，依法應享有的權力和應得到的利益。這些權力和利益具體包括以下幾個方面：

（1）經紀人有權要求委託人提供資產信用狀況、履約能力、商品質量等方面的真實可靠的資料。

（2）經紀執業人員有向委託人瞭解委託事物真實情況的權利。委託人隱瞞與經紀業務有關的重要事項、提供虛假情況或者要求提供違法服務的，經紀執業人員有中止經紀業務、建議經濟組織解除經紀合同的權利。

（3）經紀執業人員依法享有保守自己經紀業務秘密的權利。

（4）經紀執業人員有權在其執業的經紀合同上簽名。經紀組織簽訂經紀合同時，應當附有執行該項經紀業務的經紀執業人員的簽名。

（5）經紀執業人員依法享有其承攬經紀業務的執行權，未經委託人和本人同意，經紀組織不得隨意變更經紀業務執行人。

（6）因經紀行為促成交易的，委託人應當按照約定向個體經紀人、經紀組織支付

佣金；沒有約定佣金或者約定不明確的，依照《中華人民共和國合同法》和國家有關規定執行。

（7）根據約定提供經紀服務。委託方或合同他方違約，經紀人有權不退還佣金，也不承擔委託方與合同他方所訂合同的履約責任。

（8）經紀執業人員的合法權益受到侵害的，可以向工商行政管理機關或者有關產業行政管理部門申訴，也可以向經紀人協會投訴。

2. 經紀人的義務

義務與權利是相對的，義務是指公民或法人按法律規定應盡的，以及在道德上應盡的責任。經紀人的義務，是指經紀人在開展經紀活動時，按有關法律和委託合同規定應盡的，以及在道德上應盡的責任。經紀人在經紀業務活動中應當履行的義務主要包括：

（1）提供客觀、公正、準確、高效的服務。
（2）將簽訂合同的機會和簽訂合同的情況如實、及時地報告當事人各方。
（3）經紀的商品或服務及佣金應標明價碼。
（4）妥善保管當事人交付的樣品、保證金、預付款等財物。
（5）為當事人保守商業秘密。
（6）記錄經紀業務成交情況，並按有關規定保存原始憑證、業務記錄、帳簿和經紀合同等資料。
（7）法律、法規規定的其他義務。

第四節　經紀收入——佣金

一、佣金的概念與性質

1. 佣金的概念

佣金就是指經紀人在為委託人提供交易機會，充當交易仲介，並協助買賣雙方完成交易過程或訂立交易合同，由交易人一方或雙方支付給經紀人的勞動報酬，在法律上稱為「佣金」。

2. 佣金性質

佣金是經紀人權利的最基本內容，是經紀人的收入來源，是經紀業務得以運作的保障。佣金的性質是勞動收入、經營收入和風險收入的綜合體。它是對經紀人開展經紀活動時付出的勞動、花費的資金和承擔的風險的總回報。國家保護經紀人從事合法經紀活動並取得佣金的權利。

佣金作為經紀人的勞動報酬是合法的，法律規定經紀人享有獲取佣金的權利。那麼，應如何理解佣金的性質呢？

首先，經紀人佣金本身並不具有社會屬性，它只是商品生產和商品流通高度發展的產物，同社會經濟製度本身沒有必然的聯繫。只要商品生產和商品流通發展到一定

水準，就必然會出現經紀業務活動及其從業人員——經紀人。它的社會性質只是屬於某種社會形態下的社會階級關係及其所服務的社會對象。經紀人在其業務活動中，以自身勞動取得的報酬是合法的。其次，經紀人開展經紀業務活動，需要有一定數量的資本，去承擔一定的仲介風險，通過付出自己的勞動，占用大量的資訊，並向需求者提供這些資訊。所以經紀人取得的佣金，實質上是承擔風險、出賣資訊的收入。仲介經營的收入，不僅是勞動收入的一種，也是個人收入分配形式中的一種。

綜上所述，經紀人的佣金是勞動報酬、風險報酬和經營收入的綜合，是委託人依照法律規定或者雙方約定，在經紀業務完成後支付給經紀人的勞動報酬，是實現相應權益的一種主要表現形式，是經紀人參與具體經紀事務、在一定社會勞動時間內所創造的勞動價值和社會價值的體現。

二、佣金的標準和辦法

一般來說，佣金由經紀成本和經紀利潤兩部分構成。其公式為：

佣金＝經紀成本＋經紀利潤

由於經紀成本由經紀費用（差旅費、交通費、資料費、通訊費、打印費等）和稅收構成，因此，佣金的公式也可以表示為：

佣金＝經紀費用＋稅收＋經紀利潤

可見，佣金標準的確定，要求上面三部分的構成必須是合理的。首先，經紀費用應在佣金中得到補償。經紀費用包括經紀機構的開辦費用、人員工資費用、交通費用、廣告費用、場地租賃費用、樣品保管費用、樣品商檢費用、固定資產折舊費用、管理費用、經營費用等。其次，經紀稅收也應在佣金中得到補償。經紀稅收包括經紀機構的營業稅、所得稅等。最後，經紀利潤是在一定利潤率下計算出的盈利。目前，對經紀機構的盈利水準還沒有一個統一的規定。

佣金標準通常分為法定佣金和自由佣金兩種。法定佣金是指經紀人從事特定經紀業務時，按照國家對特定經紀業務規定的佣金標準獲得的佣金。法定佣金具有強制效力，當事人各方都必須接受，約定的佣金不得高於或低於法定佣金。在經濟生活中，法定佣金只適用於市場發育程度較高、分工明確、專業化程度高、經紀活動量大的經紀業務種類。自由佣金是指經紀人按照經紀人與委託人協商確定的佣金標準獲得的佣金。自由佣金由當事人協商確定，並寫入相應的經紀合同中，一經確定，即對當事人雙方都具有法律約束力，違約者要承擔違約責任。經紀活動中大量的佣金是自由佣金。自由佣金的確定同市場價格一樣，由供求雙方協商確定，佣金的高低主要取決於經紀人和當事人在經紀活動中所處的地位。此外，還有一種佣金標準，它是介於法定佣金和自由佣金之間的一種過渡形式，即產業規矩，這是約定俗成的一種佣金標準，對同業經紀人具有一定的約束力，但不具有法律效力。

佣金確定的辦法也有多種，通常有固定佣金、比例佣金和差額佣金三種。固定佣金是指不論成交標的金額的大小，按照經紀業務件數收取固定金額的佣金。這類佣金適合於交易額比較小或經紀業務獨立性不是非常強的經紀業務。比例佣金是指按照成交額的一定比例提取的佣金。一般來說，交易額越大，提取的比例就越低。比例可以

分段確定，逐段遞減。如果交易額非常大，也可以採用「封頂」的辦法，明確規定最多只能收取多少佣金。這類佣金適合於交易額比較大的經紀業務。差額佣金有的地方也稱包價佣金，是指經紀人代理委託人進行交易時必須滿足委託人規定的賣出最低價，超出最低價部分的收入，可以作為佣金歸經紀人所有。這種計算佣金的方法也是國際上通用的一種方法，叫作淨值協定。淨值協定可以用在公開協定、獨家代理和獨家銷售權合同中。這類佣金適合於買賣差價比較大的經紀業務。

收取佣金是經紀人的權利，但由於目前對佣金缺乏統一的規範，佣金收取的標準、辦法和數量比較混亂。經紀活動作為一項經營活動，其目的就是要實現佣金最大化，進而實現利潤最大化。因此，經紀人在開展經紀活動時，必須在合法的前提下，根據不同經紀業務的特點，選擇合適的佣金標準和收取辦法。

三、佣金的支付

佣金的支付由經紀業務的委託方負擔。它可以由經紀人為其提供服務的雙方當事人共同承擔，也可由其中一方獨自支付。由誰支付佣金必須在經紀合同中加以明確規定，但經紀人不得利用執業便利，收取佣金以外的報酬。

佣金可以用現金支付，也可以採用轉帳結算或其他方式支付。經紀人應該按照規定的結算和支付方式進行佣金的收付工作，經紀人收取佣金應開具發票，並嚴格按照稅法規定繳納有關稅金。一般情況下，佣金應該在經紀成功、交易雙方簽訂經紀合同後收取。在有些情況下，委託人可以提前支付給經紀人部分佣金，待經紀業務成功後再支付剩餘部分的佣金。如果經紀活動的費用高、前期投入大或委託人認為經紀業務的難度較大，為了激勵經紀人，委託人也可以提前支付部分佣金，待經紀業務結束後再支付剩餘部分的佣金。

為避免在支付佣金上與委託人發生糾紛，經紀人在簽訂經紀合同時，應將佣金的數量、支付方式、支付期限及經紀不成功時業務費用的負擔等方面明確寫入經紀合同。為了保護自己的合法權益，經紀人可以採取預付費用、預收佣金、公證或到工商行政管理機關進行合同鑑證等方式，確保自己獲取佣金的正當權利。

按照《經紀人管理辦法》的規定，如果在經紀活動中，經紀人與當事人對佣金沒有約定或者約定不明確的，可以依照《中華人民共和國合同法》和國家有關規定執行。同時，經紀執業人員不得利用執業便利，收取當事人佣金以外的報酬。

第二章　經紀人素質要求和組織形式

第一節　經紀人素質要求

要成為某一個產業內的經紀人，首先要符合一些基本要求，比如說一般應該通過相應的資格認證。如果想成為一名優秀的或成功的經紀人，則還需要在知識、能力、素養等方面有較好的累積並達到一定的程度。

一、資格認證

《經紀人管理辦法》第十條規定：經營經紀業務的各類經濟組織應當具備有關法律法規規定的條件。法律、行政法規規定經紀執業人員執業資格的，經紀執業人員應當取得資格。

二、身心素質

經紀業任務艱鉅、工作辛苦，對從業者的身體素質要求較高。一方面，經紀人需要具備充沛的精力，能夠完成日常的業務拓展，並且能夠用熱情去感染對方；另一方面，經紀人所需要的清醒的頭腦和靈敏的反應，也要有良好的身體狀況作基礎。

同時，作為經紀人，也需要有良好的心理素質。在完成經紀業務的過程中，難免會遭遇拒絕、冷遇和誤解，需要經紀人能夠較快地調節好情緒，充滿信心繼續工作。經紀人的開朗和樂觀，也容易鼓舞客戶，並最終促成交易。所以，經紀人平時就應該注重培養自己堅毅的品質和隨和穩重的性格。

三、專業知識

經紀業範圍廣泛，但不管是在哪一個領域做經紀人，要做好做成功，一個基本要求是要能夠在自己所屬的領域累積大量的專業知識。專業知識的缺乏，不僅使經紀業務難以順利開展，而且會使經紀人喪失很多市場機會。如果經紀人對於客戶的諮詢一問三不知，客戶下次就不願意再接受這位經紀人。

經紀人應具備的專業知識大致包含以下三個方面。

1. 法律法規常識

經紀人不管從事什麼職業，首先應該掌握的是與職業密切相關的法律法規。法律法規指中華人民共和國現行有效的法律、行政法規、司法解釋、地方法規、地方規章、部門規章、其他規範性文件以及對於該法律法規的不時修改和補充。作為對經紀人的

一個基本要求，在業務活動中是否盈利尚在其次，至少不應該觸犯相關的法律法規。

　　2. 本產業的專業知識

　　要做一名經紀人，尤其是要做一名成功的經紀人，需要在知識累積方面下功夫。其中最重要的知識就是本產業的專業知識，例如做一名農產品經紀人，就應該瞭解糧食、蔬菜、果品、花卉及其倉儲和運輸等各方面的知識；做一名證券經紀人，就應該努力把股票、債券、基金、金融衍生工具及其發行和交易等各方面的知識掌握好；做一名成功的房地產經紀人，就一定要對房地產特性、房地產類型、房地產經紀機構及各國房地產經紀人製度進行深入研究。

　　一般而言，一名經紀人掌握的專業知識越豐富，他的業務機會就越多，從中收穫的工作樂趣也越多。所以，經紀人應該努力成為自己所從事的經紀領域中的專家。

　　3. 商貿知識

　　經紀人作為特殊的商人，周旋於購銷雙方之間，有時還要和其他經紀人打交道，從事各種各樣的商品仲介活動，這就決定了他們應該掌握豐富的商貿知識。

　　經紀人除了要掌握國內商貿知識外，還應掌握外經貿知識。總的來說，經紀人應該掌握的商貿知識包括商品學、物流學、市場行銷學、商務禮儀、國際貿易和國際金融等。

四、能力

　　1. 觀察力

　　經紀人所需要的觀察力，一方面是指從日常業務或生活中發現機會的能力，另一方面是指與人打交道時察言觀色的能力。這兩點在經紀人的業務活動中都非常重要，正所謂「留心處處皆學問」。

　　2. 判斷力

　　判斷力是感知能力、記憶力、演繹能力、推理能力等諸多能力的綜合體，大多數經營決策是在資訊不完全的情況下做出的，這就對判斷力提出了很高的要求。當然，良好的判斷力需要長期的培養，也是成就所有事業的基礎。

　　3. 執行力

　　執行力是指貫徹戰略意圖，完成預定目標的操作能力。再高明的戰略，再完善的計劃，最終都需要加上最堅定有效的執行力，才有實現的可能。

　　4. 社交能力

　　社交能力主要是指人際交往與社會適用的能力，這種能力對於需要尋找市場機會、聯絡交易雙方的經紀人來說尤為重要。人的一個重要屬性即是社會性，沒有人能夠生活在不與人往來的真空中，每個人也只有在與他人的人際交往和價值交換的過程中，才能實現自我、成就他人、實現社會價值。

　　5. 創新能力

　　創新能力是指運用知識和理論，在科學、藝術、技術和各種實踐活動領域不斷提供具有經濟價值、社會價值、生態價值的新思想、新理論、新方法和新發明的能力。創新能力是當今社會競爭的核心，一個優秀的經紀人應是一個善於創造性地解決問題

的人。

五、職業道德

經紀人的職業道德包含的內容很多，例如：經紀人必須遵章守紀，其經營活動必須符合法律法規以及產業管理的規定和要求；經紀人不能從事走私、違禁品、假冒偽劣商品的經紀活動；經紀人不能超越客戶的委託範圍和權限，越權進行有關的經紀活動等。

總的來說，經紀人的基本職業道德至少應該遵從以下三條原則：

1. 維護委託人的權益

大多數的經紀活動都存在經紀人接受委託的情況，經紀人一旦接受委託，就應該站在委託人的立場，時刻為委託人的利益著想，積極維護委託人的權益。這既是一種服務精神，也是一項職業準則。

2. 誠實守信

誠實守信事實上是中國古時備受推崇的一種美德，儒家的「五常」就是指「仁、義、禮、智、信」，這「五常」貫穿於中華倫理的發展，成為中國價值體系中的最核心因素。

具體到經紀活動中，就需要經紀人秉持公平、公正、公開的原則，對客戶坦誠相待，並信守承諾，努力做到言必行、行必果。在難以完成任務或達不到客戶期望時，要誠懇地向客戶說明，爭取客戶的理解和配合，而不能為了一時的利益刻意隱瞞，導致最後遺憾的結果。

3. 保守商業機密

由於經紀人居於買賣雙方之間，在業務活動開展過程中，有可能掌握客戶的一些商業機密。在激烈的市場競爭中，商業機密意味著重要的情報和競爭的優勢，所以為客戶保守商業機密是經紀人的一項基本職業道德。

第二節　經紀人的組織形式

按照經紀人組織形式的不同，可以把經紀人分為個體經紀人、個人獨資經紀企業、合夥經紀企業、經紀公司等。不同的經紀組織，其各自的特點不同，經紀人應該根據自身的實踐情況，選擇合適的組織形式進行註冊登記。

一、個體經紀人和個人獨資經紀企業

1. 個體經紀人

個體經紀人是指依照《城鄉個體工商戶管理暫行條例》的規定，向工商行政管理機關申請設立，以公民個人名義進行經紀活動的經紀人。若以科學理解個體經紀人的內涵，應著重把握以下兩點：其一，個體經紀人從性質上講，仍然屬於個體工商戶，是個體工商戶中專門從事經紀業務的一類人員。其二，個體經紀人是在經紀活動中獨

立地享受權利、承擔義務的自然人。按照《城鄉個體工商戶管理暫行條例》的規定，個體工商戶可以個人經營，也可以家庭經營。凡是法律、行政法規對從事特定項目經紀業務的經紀執業人員實行資格管理的，從事該項經紀業務的經紀執業人員應當取得相應的執業資格。個體經紀人的合法權益受到國家法律的保護。

2. 個人獨資經紀企業

個人獨資經紀企業是指符合《中華人民共和國個人獨資企業法》規定條件的人員向工商行政管理機關申請設立的經紀企業。個人獨資企業是指依照相關法律在中國境內設立，由一個自然人投資，財產為投資人個人所有，投資人以其個人財產對企業債務承擔無限責任的經營實體。國家依法保護個人獨資企業的財產和其他合法權益。

根據《經紀人管理辦法》的規定，凡是符合《中華人民共和國個人獨資企業法》規定條件的人員向工商行政管理機關申請，都可以設立個人獨資經紀企業。設立個人獨資企業應當具備的條件是：

（1）投資人為一個自然人；
（2）有合法的企業名稱；
（3）有投資人申報的出資；
（4）有固定的生產經營場所和必要的生產經營條件；
（5）有必要的從業人員。

實踐中，個人獨資企業與個體工商戶有很多相似之處，但它們之間的區別也比較明顯，如：個人獨資企業可以設立企業的分支機構，而個體工商戶是不能設立分支機構的；個人獨資企業登記設立和解散清算的條件和程序比個體工商戶要嚴格。

個體經紀人和個人獨資經紀企業都只有一個產權主體，它們是業主的個人財產，由業主直接經營。它們的優點是：一般規模較小，內部管理機構簡單；所有者和經營者合一，經營方式靈活，決策迅速；產權關係明晰，經營者會精打細算並謹慎投資。它們的缺點在於：本身的財力有限，受償債能力的限制，融資困難，融資管道不暢，因而無力從事需要大量投資的大規模工商業活動；業主承擔無限責任，當經營失敗、出現資不抵債時，法律強制企業主以個人財產來清償企業債務，經營的風險性非常大；企業經營完全依賴於業主的個人素質，企業的信譽程度相對較低，雇員和債權人承受的風險較大。

個體經紀人和個人獨資經紀企業對從業人員的素質沒有特別的要求，城鎮待業人員、離退休人員、企業下崗人員、辭退停留人員、農民等，都可以充當個體經紀人或在個人獨資經紀企業中從業。這類經紀人主要涉足一些與人們生活聯繫比較密切的產業和商品，雖然他們的經紀業務量與大公司的經紀業務量相比顯得微不足道，但是，這類經紀人占據了經紀從業人員的大多數，對擴大就業、活躍市場、方便人民生活起到了非常積極的作用。

二、合夥經紀企業

合夥經紀企業是指符合《中華人民共和國合夥企業法》規定條件的人員向工商行政管理機關申請設立的經紀企業。合夥經紀企業從本質上來說，是從事經紀業務的合

夥企業，是企業的一種組織形式。所謂合夥企業，是指由各合夥人訂立合夥協議，共同出資，合夥經營，共享收益，共擔風險，並對合夥企業債務承擔無限連帶責任的營利性經濟組織。合夥企業及其合夥人的財產和合法權益受法律保護。

根據《經紀人管理辦法》的規定，凡是符合《中華人民共和國合夥企業法》規定條件的人員向工商行政管理機關申請，都可以設立合夥經紀企業。設立合夥企業應當具備的條件有：

(1) 有兩個以上合夥人，並且都是依法承擔無限責任者；
(2) 有書面合夥協議；
(3) 有合夥人實際繳付的出資；
(4) 有合夥企業的名稱；
(5) 有經營場所和從事合夥經營的必要條件。

合夥經紀人必須符合上述開設合夥企業的條件。合夥經紀企業是自然人的自願聯合，實際享受權利、承擔責任的是每一個合夥人。合夥企業對其債務，應先以其全部財產進行清償。合夥企業財產不足清償到期債務的，各合夥人應當承擔無限連帶清償責任。這方面與個體經紀人和個人獨資經紀企業十分類似。

一般來說，合夥經紀企業開展的經紀業務具有較強的專業性，合夥人員在資金、技術、經營等方面各自都有一定的優勢，總體的資金實力、業務能力、經營手段等都要強於個體經紀人和個人獨資經紀企業，但又同經紀公司存在一定的差距。合夥經紀企業的經營機制比較靈活，其效率也比較高。合夥人對企業債務負有無限連帶責任，他們必然都很關心企業經營狀況，經營者的激勵和約束機制合理有效。合夥經紀企業的弱點在於：企業籌資的規模仍受一定限制，一般達不到社會化量產的要求；合夥人與經營者合一，幾乎所有的決策都要經合夥人全體一致同意，協調困難，容易造成決策的延遲；企業存續期間難免有合夥人退出或進入，企業產權關係和合夥協議相應需要調整，企業組織的穩定性較差；對企業債務承擔無限連帶責任，使並不能對企業的經營活動單獨行使完全控制權的合夥人面臨相當大的風險。由於合夥經紀企業具有上述特點，所以現實生活中絕大多數投資者選擇設立個人獨資經紀企業或經紀公司，合夥經紀企業所占的比重極小。合夥經紀企業一般規模較小，並且只存在於那些業主個人信譽和個人責任起重要作用的產業，如各類專業事務所。

現階段中國合夥經紀企業的發展尚處於起步階段，其數量和規模都遠遠跟不上實際的需要，因此，大力發展合夥經紀企業，也是今後中國發展經紀人隊伍的一個方向。

三、經紀公司

經紀公司是依照《中華人民共和國公司法》的規定，向工商行政管理機關申請設立的經紀企業。所謂公司，是指依照《中華人民共和國公司法》在中國境內設立的有限責任公司和股份有限公司。無論是有限責任公司，還是股份有限公司，都是企業法人。有限責任公司的股東以其出資額為限對公司承擔責任，公司以其全部資產對公司的債務承擔責任。股份有限公司的全部資本分為等額股份，股東以其所持股份為限對公司承擔責任，公司以其全部資產對公司的債務承擔責任。

根據《中華人民共和國公司法》的規定，設立有限責任公司應當具備的條件有：

（1）股東符合法定人數（由2個以上50個以下股東共同出資設立）；

（2）有符合公司章程規定的全體股東認繳的出資額；

（3）股東共同制定公司章程；

（4）有公司名稱，建立符合有限責任公司要求的組織機構；

（5）有公司住所。

設立股份有限公司應當具備的條件有：

（1）發起人符合法定人數（應當有5人以上發起人，其中須有過半數的發起人在中國境內有住所）；

（2）有符合公司章程規定的全體發起人認購的股本總額或者募集的實收股本總額；

（3）股份發行、籌辦事項符合法律規定；

（4）發起人制訂公司章程，並經創立大會通過；

（5）有公司名稱，建立符合股份有限公司要求的組織機構；

（6）有公司住所。

根據《經紀人管理辦法》的規定，凡是符合《中華人民共和國公司法》規定條件的，向工商行政管理機關申請，都可以設立經紀公司。經紀公司無論是有限責任公司還是股份有限公司，都必須按照《公司法》規定的條件設立，並符合以下三個特點：第一，經紀公司是以公司為組織形式的；第二，公司經紀人實行企業法人制度；第三，經紀公司負有限責任，公司以其全部資產為限對債務承擔責任，股東以其出資額為限對公司承擔有限責任。經紀公司與個體經紀人、個人獨資經紀企業、合夥經紀企業相比較，最大的區別就在於經紀公司是法人經紀人，而其他經紀人則是自然人經紀人。經紀公司最大的優點是：公司以其全部資產對公司的債務承擔責任，股東以其所持股份為限對公司承擔責任，降低了投資者的投資風險。因不存在承擔無限責任而可能導致的傾家蕩產，投資者可以放心地進行投資，從而有效解決了財產歸私人所有狀態下個人資本規模有限和企業生產經營大規模發展之間的矛盾。但經紀公司也存在一定的問題，主要表現為：公司設立的程序比較複雜，機構設置比較複雜，營運成本比較高，特別是當公司發展到一定的規模，出現所有權與控制權相分離時，容易產生「內部人控制」的現象，這就要求經紀公司要以建立完善的法人治理結構為目標。

從中國目前經紀業務的實際情況來看，個體經紀人和個人獨資經紀企業的從業人數和註冊登記的企業數量最多，它們是經紀人市場上最為活躍的力量。而經紀公司則是經紀人市場上的主導力量。由於經紀公司的資金實力較雄厚，規模較大，具有較好的工作條件和較多的人才，因而具有較強的競爭力、很強的知名度和影響力，容易發揮整體優勢，取得委託人的信任。特別是以行紀或代理方式開展經紀業務活動的特殊產業，如證券、期貨、保險、房地產、旅遊、技術、文化、廣告、體育等領域，更多的是經紀公司在運作。

第三章　經紀業務基礎

第一節　經紀業務的內容與程序

一、經紀業務的基本內容

不同產業的經紀業務活動千差萬別，其主要內容有：

1. 交易仲介

經紀組織接受委託，根據掌握的需求或供給資訊，尋求供給或需求方。當買賣雙方在經紀人提供服務並成交後，經紀人可以從買賣雙方或買賣任何一方處獲得佣金。在這個活動過程中，經紀人只是利用雙方的資訊進行交流，撮合雙方成交。

2. 代理業務

經紀人如果接受委託進行代理，在代理權限內，將以被代理人的名義實施法律行為。中國的代理製度主要由《中華人民共和國民法通則》規定，在代理過程中，經紀人應當遵循國家的法律規定，在委託人授權範圍內行事，忠實履行代理義務。

3. 諮詢業務

在交易者對有關經濟、法律、程序不熟悉的情況下，經紀人可以提供諮詢服務，並協助辦理有關交易手續。如協助企業進行市場調查，瞭解市場趨勢及動向，就國家法律、法規、財務製度等接受諮詢，提供建議等。

4. 文件草擬

經紀活動中，經紀人可以根據委託人的意思來草擬各種法律文件。由於交易文件受法律保護，具有法律約束力，涉及交易當事人的切身利益，因此，經紀人草擬文件後，必須經過協商進行最終確定，並由當事人簽名、蓋章。

5. 調解爭議

在經紀活動中，交易雙方出現爭議或糾紛時，經紀人可以根據雙方當事人的請求，以第三者的身分介入，運用較為豐富的專業知識和法律知識，提出調節爭議、糾紛的建議或觀點。由於在經紀活動中經紀人已與當事人建立了一定程度的信任，其調解工作容易得到雙方當事人的配合。在解決問題的過程中，經紀人一定要做到態度公正，立場不偏不倚，這樣才容易被爭執雙方所接受，使他們能夠一起合作來解決問題，從而達到調解的目的。

6. 辦理相關手續

大多數產業的經紀關係和交易的達成，都需要通過或繁或簡的手續來確立，為客

戶辦理相關的手續當然也是經紀人的基礎工作內容。

以上所列舉的業務事項，只是各行各業經紀人的基本工作內容。事實上，具體到不同產業，經紀人工作內容差異較大，而且遠不止以上所列項目。例如，一個汽車經紀人的工作可以上下延伸到售前、售中和售後。在售前，他們應該站在消費者的利益角度考慮，充當顧問角色，為消費者收集各方面關於買車的資料，為買哪款車提出參考性意見；選定了車後，購車還需要辦理一系列手續，包括上牌、辦證、買保險等，這是汽車經紀人售中的工作；消費者買車後，提醒車主對車進行維修保養，甚至安排車主參加聚會、講座等工作也是汽車經紀人義不容辭的職責。

二、經紀業務的一般程序

1. 居間活動的程序

居間作為一種為交易雙方提供交易資訊及條件，撮合雙方交易成功的商業行為，其活動的過程主要包括以下程序：

（1）收集資訊。這是居間經紀活動的基礎。通常情況下，居間業務的第一步即是收集資訊，然後為供需雙方牽線搭橋、提供交易機會。根據所處具體產業的不同，經紀人應當相應地收集大量的科技資訊、商品資訊和其他市場資訊。

（2）處理資訊。經紀人在收集所得的原始資訊的基礎上，應研究各種資訊與經紀業務之間的聯繫，對資訊進行分類、整理和加工。

（3）尋找業務機會。經紀人應根據所收集和處理的資訊，從中尋找業務機會，包括買方、賣方的要求，產品的規格，業務的條件等，一旦發現供需雙方的交易意願有撮合的可能，就應該馬上著手傳遞資訊。

（4）發布和傳遞資訊。經紀人集中大量資訊後，進行資訊的傳遞和溝通是一種工作的常態。經紀人一方面要主動從掌握的資訊中尋找業務機會，並按照自己的判斷進行資訊傳遞；另一方面，也需要在暫時未發現業務機會時，經常性地對外發布資訊，因為有些業務的達成正是由所發布的資訊帶來的。當然，經紀人在這一環節需要特別注意的是，資訊的發布和傳遞程度要掌握好，不能無原則地發布或傳遞，需要考慮到後續工作的開展。

（5）提供相關服務。為了促成最後的交易，經紀人要根據具體情況提供一些相關的服務，具體的服務項目既可以根據產業慣例，也可以與客戶協商確定。

（6）撮合成交。經紀人作為買賣的仲介人，需要不斷地聯繫供需雙方，並提供條件使供需雙方就交易事項進行談判。在整個過程中，經紀人要發揮催化劑、潤滑劑的作用，撮合雙方盡快達成一致，並簽署合同。一旦成交，經紀人便可以收取佣金報酬。

現貨商品經紀的主要形式即是居間經紀。一般來說，現貨商品經紀人在掌握了大量的訊息資料的基礎上，進行經紀活動的程序表現為：尋求適當的客戶→與客戶簽訂委託協議→按照委託協議規定的權利義務及有關內容為委託人提供經紀服務→提供經紀服務後收取相應的佣金。

2. 代理活動的程序

代理，是指代理人在代理權限內，以被代理人的名義與第三方進行交易，由被代

理人承擔相應的法律責任的商業行為。在中國《中華人民共和國民法通則》中，依據代理權產生的根據不同進行劃分，代理可分為法定代理、委託代理和指定代理三種基本種類。在商業活動中，依據代理的業務，代理的分類更多，有媒介代理、廣告代理、銷售代理、管道代理等。

在經紀活動中，代理的一般程序如下：

（1）接受委託，確立委託代理關係。經紀人與選定的委託方洽談業務，訂立協議（委託書）。在委託書中，條款應清晰、責任、期限、佣金支付等事項應該明確。

（2）實施代理。根據委託書中的代理權限，經紀人要認真履行代理義務，開展代理業務活動。

（3）代理結束。經紀人按協議完成代理任務後，應要求委託方依合同的約定，支付佣金並解除代理。

3. 行紀活動的程序

行紀是指接受委託人的委託，以自己的名義與第三方進行交易，並承擔規定的法律責任的商業行為。行紀活動的一般程序如下：

（1）接受委託，確立信託關係。

（2）按照委託人的要求，開展業務活動。這裡與代理的一個重要區別是，行紀活動是代理人以自己的名義與第三方進行交易。

（3）完成交易，交易結果歸於委託人，經紀人收取佣金。

中國的證券和期貨業的經紀業務都是典型的行紀活動，經紀人接受客戶的委託後，以證券經紀人或期貨經紀人的名義在交易所中進行交易，交易結果歸於客戶，經紀人收取佣金。當然，在交易過程中出現問題或發生糾紛時，證券或期貨經紀人要直接承擔相應的法律責任。

第二節　經紀業務與商務談判

商務談判即關於商業事務上的談判，是指兩個或兩個以上的從事商務活動的組織或個人，為了滿足自身經濟利益的需要，對涉及各方切身利益的分歧進行意見交換和磋商，謀求取得一致並達成協議的經濟交往活動。

作為商務活動之一的經紀業務活動，大量的業務環節需要進行談判，商務談判能力與技巧顯然也是經紀人應掌握的最重要的技能之一。

一、商務談判

1. 商務談判的原則

（1）合法原則。談判的內容和所簽訂的協議，必須嚴格遵守國家法律和相關政策的規定。中國的《合同法》規定，有下列情況之一的，合同無效：一方以詐欺、脅迫的手段訂立合同，損害國家利益；惡意串通，損害國家、集體或者第三人利益；以合法形式掩蓋非法目的；損害社會公共利益；違反法律、行政法規的強制性規定。無效

合同從訂立之日起，不僅得不到法律的承認和保護，還要承擔由此引起的法律責任。

（2）平等自願、協商一致的原則。談判的過程、結果和協議的達成，必須以平等自願為前提，利益的分配必須通過和平協商來實現。為了利益而不擇手段，實施強迫、威脅和打擊等方式是現代社會的商業文明所不容許的。

（3）互惠互利的原則。談判雙方一方面存在競爭關係，另一方面也有共同的利益。一項好的談判是雙方通過努力都能從中得到利益，而不是盡量使對方遭受損失。故互惠互利是談判的原則和態度。

（4）求同存異原則。談判過程中難免出現矛盾和僵持，雙方首先需要有求同存異的精神，在不失大原則、保證合理利益的前提下，善於強調共同利益、長遠利益，提高談判的效率，擴大談判成果。

（5）禮敬對手原則。談判者在處理己方與對手之間的關係時，應該善於把人與事分開，始終對對方保持不失真誠的敬意。在談判對手有不同文化背景時，尤其要注意尊重對方的價值觀念和風俗習慣。

2. 商務談判的程序

商務談判的程序包括申明價值（Claiming value）、創造價值（Creating value）和克服障礙（Overcoming barriers to agreement）三個部分。

（1）申明價值。此階段為談判的初級階段，談判雙方應充分溝通各自的利益需要，申明能夠滿足對方需要的方法與優勢所在。此階段的關鍵步驟是弄清對方的真正需求，因此主要的技巧就是多向對方提出問題，探詢對方的實際需要，與此同時也要根據情況申明我方的利益所在。因為你越瞭解對方的真正需求，就越能夠知道如何才能滿足對方的需求；同時對方知道了你的利益所在，才能滿足你的需求。

（2）創造價值。此階段為談判的中級階段，雙方彼此溝通，往往申明了各自的利益所在，瞭解了對方的實際需要。但是，以此達成的協議並不一定使雙方的利益都最大化。也就是，利益在此往往不能有效地達到平衡。即使達到了平衡，此協議也可能並不是最佳方案。因此，談判中雙方需要想方設法去尋求更佳的方案，為談判雙方找到最大的利益，這一步驟就是創造價值。創造價值的階段，往往是商務談判中最容易忽略的階段。

（3）克服障礙。此階段往往是談判的攻堅階段。談判的障礙一般來自兩個方面：一是談判雙方彼此利益存在衝突，二是談判者自身在決策程序上存在障礙。前一種障礙需要雙方按照公平合理的客觀原則來協調，後者就需要談判無障礙的一方主動去幫助另一方順利決策。

二、經紀業務中的談判

經紀人在業務談判中，應該注意把握以下一些要點：

1. 兼顧雙方利益

談判的目標是雙方達成協議，而不是一場戰爭或一場棋賽，因此，談判不要試圖將對方置於死地。當然，談判者無論多麼充分理解對方、多麼巧妙地調解衝突、多麼高度評價彼此的關係，談判雙方面臨利益衝突的現實也是客觀存在的，這就要求談判

者要有正確的指導思想和原則。在談判中，即使其中一方做出重大犧牲，整個談判格局也應該是雙方都感到自己有所收穫。

評價一場談判的成功與否不僅要看談判各方市場比例的劃分、出價高低、資本及風險的分攤、利潤的分配等經濟指標，還要看談判後雙方的關係是否「友好」，是否得以維持。成功的談判，其結果必然促進和加強雙方的互惠合作關係。精明的談判者往往具有戰略眼光，他們不會過分計較某次談判的獲益多少，而是著眼於長遠與未來。在商業貿易中，融洽的關係是企業一筆可持續發展的資源。因此，互惠合作關係的維護程度也是衡量談判成功的重要標準。綜合以上三條評價標準，一場成功的談判應該是談判雙方的需求都得到了滿足，雙方的互惠合作關係得以穩固並進一步發展。雙方談判實際獲益都遠遠大於談判的成本，談判是高效率的。

2. 進行周密充分的準備

「凡事預則立，不預則廢。」商務談判中要達到預期的目標，就得做好周密的準備工作，對自身狀況與對手狀況要有詳盡的瞭解，並對這些情況做出充分分析，由此確定合理的談判方案，選擇適當的談判策略，從而在談判中處於主動地位，使各種矛盾與衝突大多化解在有準備之中，進而獲得「雙贏」的結局。

總體來看，談判的準備工作主要有以下幾點：

（1）談判前的資訊收集。簡而言之就是要做到知己知彼，心中有數。

①談判對象本身的有關資訊。這主要包括談判對象的技術實力、市場影響力、生產規模、經營狀況、財務狀況、資產信用情況和產品的有關性能參數等。

②談判人員的個人有關資訊。這主要包括談判人員在對方企業中的職位高低、決策權大小、談判風格、談判能力、個性、嗜好等。

③談判對象所處地區或國家政治、經濟、社會環境的有關資訊。這主要包括談判對象所在地區或國家的時局形勢、總體經濟態勢、經濟形勢、風俗習慣和禁忌等。

④雙方競爭對手的有關情況。這主要包括我方競爭對手和對方競爭對手的產品技術特點、價格水準以及其他方面的競爭優勢對本次談判的影響。

⑤國家有關方針政策、法律法規等方面的資訊。這主要包括國家有關商品交易政策、稅收和合同簽訂、執行的政策、海關出入境的政策法規等。談判前有關資訊的收集對相互瞭解策略的運用，以及對對手的預期都是很重要的，能夠幫助避免談判中不必要的衝突和矛盾。

（2）商務談判接待的準備。談判是人際交往的形式之一，禮儀是談判中不可缺少的組成部分。談判中恰當地講究禮儀，可為談判奠定良好的基礎，利於談判各方在融洽氣氛中相互溝通，縮小彼此之間的差距，促進談判的順利進行，進而取得圓滿的結果。反之，則不利於談判的進行，甚至產生不必要的障礙，還有可能導致談判的破裂。

例如，為了使談判對手有賓至如歸的感覺，從禮儀安排，到談判地點的選擇、談判時間的安排、客人入住的酒店的預訂等，都要做好準備工作。

整個談判流程都應精心策劃、刻意安排，使得談判對手「一直很滿意」，為談判最終獲得成功奠定基礎。

（3）談判目標的設定。談判正式開始之前，必須確定談判目標，因為整個談判活

動都要圍繞談判目標進行。在設定談判目標時，注意目標應有彈性，即我們通常說的要制定多層次目標，有理想目標、可接受目標、最低目標。談判前制定的目標不是盲目的，而是在分析了對方情況，考慮了對方合理的利益基礎上做出的，不是單方面的意願。只有這樣，談判才能順利進行下去，雙方才有可能獲得「滿意」的結果。

在談判前應進行充分的準備，客觀地分析自己的優勢和劣勢，進而尋找辦法彌補己方的不足，為談判的順利進行創造時間、人員、環境等方面的有利條件，以推動談判的成功。此外，商務談判準備還可以設法建立或改變對方的期望，通過「信號」和談判前的接觸，讓對方建立某種先入為主的印象，使之產生某種心理適應，從而減輕談判的難度，為實現雙贏談判奠定良好的基礎。

3. 營造良好的開局氣氛

談判氣氛的發展變化直接影響整個談判的前途，良好、融洽的談判氣氛是談判成功的保證。談判氣氛也包括通過談判建立起來的友好關係，這種關係的建立不是以某一方做出大的讓步或犧牲換來的，而是建立在雙方互諒互讓、共同的商業機會以及潛在的共同利益的基礎上的，談判的目標是雙贏。因此，在談判開局中，應明確雙方不是對手、敵手，而是朋友、合作夥伴。只有在這一指導思想下，我們才能以客觀、冷靜的態度，尋找雙方合作的途徑，消除達成協議的各種障礙。

首先，要注意環境的烘托作用。談判環境的布置是營造良好氣氛的重要環節，對方會從環境的布置中看出你對談判的重視程度和誠意。特別是一些重要和較大型的談判，任何馬虎或疏忽都會給對方造成你對談判不夠重視、缺乏誠意的印象，從而影響談判的結果。談判場所的布置一般應以寬敞、整潔、優雅、舒適為基本格調，能顯示己方的精神面貌，符合禮節要求，同時還可根據對方的文化、傳統及愛好增添相應的設置，這樣能促使雙方以輕鬆、愉快的心情參與談判，為談判的成功打下基礎。

其次，把握開局之初的瞬間。開局是左右談判氣氛的關鍵時機，之所以如此，是因為開局階段雙方的精力最為充沛，注意力也最為集中，所有的談判人員都在專心傾聽別人的發言，注意觀察對方的一舉一動。談判者應注意把握住這一關鍵時機，力爭創造良好的談判氣氛。見面伊始，應輕鬆地與對方握手致意，熱情寒暄，表現真誠與自信，面帶微笑，以示友好。雙方坐下之後，一般不要急於切入正題，應留下一些時間談些非業務性的輕鬆話題來活躍氣氛。所選話題應有一定的目的性，一般是對方感興趣的話題，如體育比賽、文藝演出、對方的業餘愛好，以及雙方過去經歷中的某些關係，如校友、同學、同鄉等。這樣對方才樂意與你接觸，有利於創造一種融洽的氣氛。

最後，運用語言表達技巧創造良好氛圍。談判者應以友好、商討和徵求對方意見的口吻來表達自己的談判意圖，以創造或建立起一種「謀求一致」的談判氣氛。這是一種平等、尊重和留有餘地的表達方式，談判中常常被使用。在談判中，採用坦誠式表達也能收到較好的效果。以開誠布公、坦率直言的方式向對方表達己方的觀點或想法，從而引起對方的信任與共鳴，打開談判的局面。這種方法因坦誠直率常常能獲得對方的好感。

4. 開價議價策略運用適當

商務談判中的報價至關重要，初始報價應找到對我方最有利，同時賣方仍能看到交易中對其自身也有益的價位。報價在商務談判中往往能影響後來能否達到雙贏的結局。

（1）出價時留有餘地。賣方開出的最高可行價格應高於賣方願意達成協議的最低售價。在商務談判中，談判者的心理決定了一方出價，另一方總要進行還價，大家都希望比對方得到更多的利益，所以出價時都留有餘地，會增加一部分虛報價。對出價的一方來說，只要討價還價的範圍在虛價部分內，那麼不論對方還價到何種程度，出價方總能獲得不少於預期的利益。報價的高低將直接影響到報價一方讓步餘地的大小。賣方若能在高開價格的同時設置合理的讓步方案，則既不損害本方的利益，又能積極誘導對方獲得因我方讓步而引起的滿足感。

（2）用肯定語氣出價。初始報價應當明確、堅定、毫不猶豫，以便對方準確地瞭解我方的條件並給對方留下誠實認真的印象。談判者在報價時無須對所報價格一一作出說明。假如我方過細地闡釋問題，等於以「此地無銀三百兩」的心態告訴對方我方最關心的問題。當然，最高可行價格並非一個絕對的數字，而是與標的物的大小、合作背景、談判氛圍等一系列因素密切相關，因此初始報價應合乎情理並遵循報價的基本準則，否則會令對方對高開的價格望而生畏，使談判在一開始時就注定失敗。

（3）討價還價時，在具體操作中應重視以下幾個方面的原則：

①不做無謂的讓步。妥協的根本目的在於實現我方利益，每次讓步都是為了換取對方相應的妥協和優惠，旨在以己方的讓步帶動對方相應的舉動作為回報。

②讓步恰到好處。以最小的讓步換取對方最大限度的滿足。換言之，要讓對方珍惜我方所做的妥協，並認為這是其艱苦努力的結果。

③在重大問題上應爭取使對方先讓步，我方則在次要問題上主動尋求妥協。但是，妥協步子不宜過大，頻率不能過快，否則，易被對方認為我方軟弱可欺，並產生「預期心理」，吸引對方對我方繼續施壓。例如，對方要求我方提前兩週送貨，儘管我方第一反應是回答「可以」，但建議最好使用談判策略中的對等讓步法，使對方也做出相應的讓步。

④不要過於貪婪。在談判時不要撈盡所有的好處，你或許覺得自己勝了，但如果對方覺得你擊敗了他，他會和你簽約嗎？所以要留點好處給對方，讓其也有談判贏了的感覺。

5. 談判結尾掌握好時機

商務談判實踐中經常會出現一些原本進展甚微的問題在談判終局卻一下子得以解決的現象。這是由於談判雙方在漸趨一致時，均處於一種準備完成的興奮狀態。這就是商業談判最後的衝刺，它是由一方向另一方發出成交信號。發出成交信號是一門藝術，運用得當會令談判者在談判收尾時獲得意外的收穫，並且贏得對方的忠誠和依賴。

第一，注意最後讓步的時機和幅度。一般來說，如果讓步過早，對方會認為這是前一階段討價還價的結果，而不認為這是己方為達成協議而做的終局性的最後讓步。這樣對方有可能得寸進尺，繼續步步緊逼。如果讓步時間過晚，往往會削弱對對方的

影響和刺激作用，並增加談判的難度。最好的辦法是將最後的讓步方式分成兩部分：主要部分在最後期限之前做出，而次要部分在最後時刻做出。另外，最後讓步的幅度也很重要。一般來說，如果讓步的幅度太大，對方反而不相信這是最後的讓步；如果讓步的幅度太小，對方認為微不足道，難以滿足。最後讓步時，所要考慮的一個重要因素是對方接受讓步的人在對方組織中的地位或級別。所以，讓步幅度的大小，取決於對方接受這一讓步的人在該組織中的重要性，即滿足對方維持他的地位和尊嚴的需要，給其足夠的面子。

　　第二，成交時機的把握。成交時機的把握在很大程度上類似於掌握火候的藝術。在談判的最後階段，雙方經過討價還價使得談判內容涉及的每一個問題都取得了不少進展，交易已經趨向明朗，雙方看到了談判即將結束的希望。這往往是由於一方發出了成交的信號，此時，另一方要善於捕捉這些信號，採取促成締結協議的策略，這樣有助於完成此次談判；反之，如果沒有抓住這些成交的信號，也許會功虧一簣，前功盡棄。一般來說，談判雙方都會不同程度地向對方發出有締結協議意願的信號，如對方口頭或用肢體語言表示談判可以結束了，對方有較明顯的成交意願等。這時我方應設法使對方行動起來，達成一個承諾。我方可以調動語言表達的技巧，使得一切比較自然。但是這時應該注意的是，如果過分使用高壓政策，談判對手可能就會退後一步；如果過分表達想成交的熱情，對方可能會一步不讓地向你進攻。

第四章　一般經紀人

　　一般經紀人，是指專門為現貨商品流通提供居間、行紀和代理服務的經紀人，有時亦稱為現貨商品經紀人，如消費資料經紀人、生產資料經紀人等。一般而言，一般經紀人只要具備合法的主體資格就可以從事經紀業務活動，不需要具有特定的業務資格。這類經紀人，在國外經紀業發達的地區，亦稱為商業經紀人。

第一節　一般經紀人的特徵和作用

一、一般經紀人的特徵

　　一般經紀人從事的主要是現貨商品交易，現貨交易是商品交易的最基本形式，遵循商品交易的基本規則。一般經紀人不擁有商品所有權，無經營風險，不從買賣當事人的任何一方領取固定的薪金。一般經紀人作為現貨交易的中間人，有自己的特徵。

　　1. 經紀人的從業要求不高

　　一般經紀人主要從事國家允許公開交易，又不屬於特殊產業商品交易的經紀業務，因此其業務規範和要求相對較低，經紀執業人員只要具備合法的主體資格就可以開展業務活動，而不必具有特定的業務資格，從業人員也比較容易進入經紀業務的「門檻」。

　　2. 從業人員身分比較複雜

　　由於一般經紀人的業務規範和要求相對較低，因此參與者極其廣泛，而且構成成分比較複雜，既有城鎮居民，也有農村村民；既有在職人員，也有離退休人員；既有專職從業人員，也有兼職人員；既有在專業經紀公司從業的人員，也有掛靠經紀人事務所從業的人員，還有個體經紀人或獨立開展業務的經紀人。

　　3. 業務範圍比較寬泛，業務量較大

　　根據《經紀人管理辦法》的規定，凡國家允許進入市場流通的商品，經紀人均可進行經紀活動；凡國家限制自由買賣的商品，經紀人遵守國家有關規定，可以在核准的範圍內進行經紀活動。可以這麼說，在第一、第二產業提供的有形商品交易活動中，除了極少數國家禁止流通的商品外，一般經紀人均可以介入，開展經紀活動。而且，由於一般經紀人介入的現貨商品交易與企業生產和人民生活的聯繫非常緊密，有許多業務屬於大宗商品交易業務，因此，其業務交易量比較大，一旦促成交易，一般經紀人也能獲得較高的佣金收入。

二、一般經紀人的作用

1. 促進生產發展

通過經紀人可以減少企業在購入經銷方面的巨大開支，降低生產成本，避免運輸中的迂迴以及重複；通過經紀人的活動擴大企業與市場聯繫的管道，及時地把市場資訊反饋到生產過程，引導生產，避免盲目生產，減少企業風險。在發達國家，企業原材料的採購和產品的銷售，都可以外包給專門的公司來進行，而自己則專心致志地做好自己有比較優勢的事情，這種分工有利於整個社會成本的降低，從而提高企業的經濟效益。

2. 梳理流通環節

在社會再生產過程中，流通是居於生產和消費之間的中間環節。流通連接著生產和消費，沒有經紀人發揮仲介作用，社會再生產是難以順利地循環週轉的。一般經紀人的加入，使得多數人的附帶工作變為少數人的專門工作。它使得生產者節省了買賣商品的時間，加速了商品流通的速度，同時也為需求者節約了購買時間，保證了商品供應在時空、地域上分佈的均衡性，有效地節約了社會必要勞動時間。此外，流通中的某些特定領域必須依靠經紀人，否則流通是不能或很難實現的。如在國際貿易中，由於買賣雙方分處不同國家，國際貿易中的許多環節都依賴各類經紀公司的仲介服務和代理服務。越來越多的政府採購、企業採購都是委託經紀公司來完成的。

3. 促進和引導消費

經紀人的嗅覺靈敏，社會交際面廣，資訊管道來源多而廣，他們對於產銷資訊的反應相當靈敏，行動也比較迅捷。通過他們大量的資訊傳播和實際的消費引導，可大大縮短商品從生產者到銷售者再到消費者的時間，促進消費，並可在一定程度上帶動大眾消費水準的提高。

第二節　生產資料市場經紀人

生產資料市場是指生產資料交換的場所及其活動的總和。進入生產資料市場的商品是供生產消費的商品，包括各種機器設備、建築材料、輔助設備、運輸工具、原材料、燃料、輔助材料、半成品及零部件等。生產資料市場是市場結構中最重要的商品市場，其發展的程度直接反應著一個國家社會生產力和市場經濟的發展水準。生產資料市場經紀人就是活躍在生產資料市場，為原材料的採購和產品的銷售提供仲介服務的各類經紀人。

一、生產資料市場的特點

（一）生產資料市場的分類

生產資料市場按不同標準劃分為不同類別：

按生產資料的使用方向和用途分，可分為工業生產資料市場、農業生產資料市場、

基本建設生產資料市場、維修用生產資料市場。

按商品的具體用途分，可分為原材料市場、機械設備市場、輔助設備市場等。

按商品類別分，可分為建築工業市場、機械工業市場、電力工業市場、化學工業市場、船舶工業市場、汽車工業市場、電子工業市場、冶金工業市場、石油工業市場和航空工業市場。

(二) 生產資料市場的特點

1. 需求特徵

從需求方面來看，生產資料市場具有批量大、需求彈性小、商品配套性和關聯性強的特徵。生產資料的需求方多是生產企業，它們對生產資料需求的品項、類型相對固定並且批量較大。同時，生產資料專用性強，可替代性較之生活資料要差得多。企業在生產產品、工藝不變的情況下，很難改變所需物資的品種規格，這就使得生產資料需求彈性遠小於生活資料。為滿足生產中一定工藝技術的組合需要，生產資料需要具有相應的關聯配套性。

2. 供給特徵

從供給方面來看，生產資料市場具有產品品種變化小、生產週期長和供應管道相對穩定的特徵。生產資料一般要求有較高的生產技術條件和較多的投資，生產週期也相對較長，其品種變化則相應較小。生產資料的供應管道一般是相對穩定的。

3. 流通特徵

從流通運行方面來看，生產資料的供求主要受宏觀經濟政策和調控參數的影響。根據一定的經濟發展速度，國家確定的各項經濟政策，如投資政策、財政政策、貨幣政策等，將直接影響生產資料市場的供求變化。過快的經濟發展速度必然導致生產資料供不應求；反之，則導致供過於求。

二、中國生產資料市場的形成與發展

新中國成立後，照搬蘇聯經濟管理模式，在經濟建設中全面實行計劃管理，建立了以計劃分配和計劃調撥為主的物資管理體制，關係國計民生的重要生產資料均按照國家指令性計劃進行分配調撥，並由國家統一定價。到1979年，國家統一分配物資的品種達到791種。這種體制的理論依據是生產資料不是商品，其特點是重要生產資料都通過集中的計劃管理，不進入市場流通。這種管理體制適應了當時中國的經濟發展階段，保證了國家的重點建設，但隨著中國經濟的發展，這種體制所固有的缺乏活力的種種弊端就顯露出來。

十一屆三中全會後，中國共產黨的工作重點轉移到經濟建設上來，在經濟體制改革的過程中，先後提出了「以計劃經濟為主，市場調節為輔」「有計劃的商品經濟」「計劃與市場內在統一」「計劃經濟與市場經濟調節相結合」等理論模式。在流通領域，生產資料不是商品的理論束縛也被突破，中國的生產資料流通體制發生了根本性變化；在實踐中逐步打破了重要生產資料單純依靠計劃分配的格局，市場調節的比重不斷增加。

目前，一個適應社會主義市場經濟發展需要，商流和物流相結合，國內國際兩個市場、兩種資源相融通，開放、統一、競爭、有序的生產資料市場已初步建立，並在改革中不斷發展壯大。

生產資料市場形成與發展的主要特徵是：

（1）指令性計劃分配物資的品種和數量逐步縮小。目前，絕大部分生產資料已進入市場流通，市場經濟和市場配置資源已成為生產資料流通的主導形式。

（2）多元化的生產資料市場流通格局已經形成。在全社會生產資料流通規模中，國有物資企業壟斷的局面隨著改革的不斷深化而被打破，出現了多種經濟成分、多條流通管道並存的格局。

（3）生產資料市場體系不斷完善。改革開放以來，中國各類生產資料市場逐步建立並得到迅速發展。全國性物資貿易中心、物資配送中心、期貨經紀公司、各類專業生產資料市場（鋼材、有色金屬、煤炭、木材等）均有很大發展。特別是近年來，為適應市場經濟發展的需要，生產資料市場建設向更高層次發展，中國相繼建立了一批國家級生產資料批發市場和期貨交易所，它們在引導價格、調節供求等方面正發揮著越來越重要的作用。

（4）生產資料銷售總額持續增長。改革開放以來，中國生產資料流通規模在波動中不斷擴大，保證了生產建設的需要。

（5）生產資料市場價格在波動中走向平穩，工業品短缺的現象已不復存在。

三、生產資料市場經紀人的作用與特點

（一）生產資料市場經紀人的作用

生產資料市場經紀人是為生產資料交易進行居間、行紀或者代理等仲介服務的自然人、法人和其他經濟組織。在社會主義市場經濟體制條件下，生產資料的流通也要通過市場機制進行優化配置，這為生產資料市場經紀人發揮作用提供了廣闊的空間。特別是在社會分工日益細化的情況下，按照比較優勢和相對專業化的要求，生產企業會把更多的精力放在產品的生產和技術開發上，而把原材料的採購和產品的銷售委託給專業的組織或機構進行。生產資料市場經紀人的出現，客觀上符合了這種需要，可以使生產資料在供求時間、品項、型號、產地、價格、運輸、批量等方面有效銜接起來，有利於降低交易費用，提高交易效率，促進生產資料市場的繁榮和發展。

（二）生產資料市場經紀人的特點

改革開放以來，在中國經紀人隊伍中，生產資料經紀人首先發展起來，目前已蔚為壯觀。中國生產資料市場經紀人具有以下特點：

（1）在一般經紀人隊伍中，生產資料市場經紀人顯得日益活躍。目前，在大宗生產資料交易市場上，特別是工業生產資料交易市場上，都活躍著生產資料經紀人的身影，而且，這支隊伍有不斷發展的趨勢。

（2）經紀人組成十分廣泛。生產資料市場經紀人員構成十分複雜，人員素質參差不齊，有城鎮待業或下崗人員、農民、退休人員、離職辭職人員、停薪留職人員、業

餘時間從事經紀活動的企業機關職工和幹部等。他們有的在經紀人事務所登記，有的受聘於某一企業從事經紀活動，有的則獨立開展業務，其中相當一部分經紀人不在工商機關登記註冊。這也是現貨商品市場經紀人管理難度較大的根本原因。

（3）經紀人數量迅速發展，但各地發展不平衡。隨著市場導向的經濟改革的不斷推進，生產資料市場經紀人數量迅速擴大，但各地發展很不平衡。在沿海發達地區，人們對經紀人比較容易接受，生產資料經紀人市場發展較快，經紀業務活動的規模也較大，而中、西部地區則明顯滯後。同時，農村地區從事農業生產資料經營的經紀人的發展還顯得十分落後。

第三節　消費品市場經紀人

消費品市場一般指通過交易活動能提供直接滿足人們消費需要的消費品的場所。消費品市場是一個負責提供社會成員衣、食、住、行等生活消費品的市場，是消費品在生產者、經營者和消費者之間聯繫的紐帶，是市場經濟中最大量、最基礎的市場。消費品市場經紀人又可分為農副產品市場經紀人和工業品消費市場經紀人。

一、消費品市場的特點與作用

（一）消費品市場的特點

消費品市場一般可以劃分為農副產品市場和工業品消費市場，其商品品項繁多，更新速度快，與人們的日常生活聯繫緊密。其具體特點有：

（1）購買的主體是個人和家庭，消費者購買的目的是用於最終生活消費。

（2）消費品市場以零售市場為主，多數是零星購買，成交額小，購買頻繁，而且購買者的購買行為易受情感支配。

（3）廣告宣傳、展銷、示範表演、降價銷售等行銷策略應用範圍大，對消費者具有很大的吸引力。

（4）分銷管道、中間環節多，網絡分散。

（二）消費品市場的作用

消費品市場上提供的豐富多彩的商品，與人民群眾的生活聯繫極為密切，涉及千家萬戶。消費品市場是聯結消費品生產和消費的橋樑和紐帶，其在滿足人們的基本需要，合理引導生產資料市場，實現國民收入的再分配，為國家增加稅源等方面，發揮著越來越重要的作用。

二、農副產品市場經紀人

（一）農副產品市場經紀人產生的條件

改革開放以來，中國農業生產有了較大發展，但總體上仍處於傳統、封閉、分散

的狀態。這種狀態造成了農業生產與現代、開放、規模化的市場相互分割的局面。農民生產的大量農產品迫切需要在市場上銷售，但由於農民在相對封閉的狀態下分散生產，對多樣化的市場需求知之甚少，因而非常需要中間人將他們的產品與市場需求銜接起來。在這種強烈需求下，農民中湧現出了一批「能人」。這些「能人」頭腦靈活，有知識、有信譽，掌握資訊，瞭解市場。他們根據市場需要，將農產品有效地組織起來，成為農業生產和市場之間的橋樑。這些「能人」就是農村經紀人。

在市場經濟體制下，解決「三農」問題的核心是農產品的流通問題，是農業生產和市場需求之間的有效銜接問題。那麼，誰能解決農業生產和市場需求之間的矛盾？誰能在農業生產和市場之間搭建起一座橋樑，幫助農民將農產品銷售出去呢？各地的實踐表明，農村經紀人一手牽著農民的生產，一手牽著市場的需求，他們是農民和市場的橋樑。因此，培育和發展農村經紀人，是有效解決農業經濟矛盾的關鍵，是解決「三農」問題的一條重要途徑。

農村經紀人一般採用「市場+經紀人+農戶」的模式從事經紀活動。在這種模式下，一個經紀人聯繫著若干戶農民——少的幾戶，多的上百戶、上千戶甚至上萬戶。

目前，農村經紀人主要分為農副產品經紀人、農村工業及手工業產品經紀人、農業科技經紀人等。農村經紀人的活動基本覆蓋了所有的農產品，包括糧食、棉花、油料、蔬菜、水果、樹苗、牲畜、水產、家禽以及藥材、茶葉、香菇、木耳等土特產品。農村經紀人中從事糧食、蔬菜、水果、牲畜、水產品等經紀的農副產品經紀人占了主要部分。

(二) 農副產品市場經紀的特點

目前，中國農副產品市場經紀人隊伍蓬勃發展，正呈現出以下六大特點：

(1) 經紀人員數量迅速擴大，經紀組織形式、經紀業務方式已呈多樣化，經紀的業務量越來越大，經紀科技含量日益增多，經紀效率明顯提高。

(2) 儘管大部分農副產品經紀人從事糧食、蔬菜、水果、水產品等經紀活動，但就其發展趨勢而言，他們經紀的業務範圍在不斷擴大，已開始涉及經紀生產資料、日用工業品等領域。

(3) 農副產品經紀人的發展很不平衡。一方面，農副產品經紀人在經濟比較活躍的地區，如江浙地區發展得很快；另一方面，在西部經濟發展較慢的地區，農副產品經紀人則發展得較慢。

(4) 農副產品經紀人活動的季節性、區域性明顯。農副產品經紀人的經紀活動一般隨農產品生產季節的變化而變化。

(5) 農副產品經紀人以個體經營為主，組織化程度偏低。在幾十萬農村經紀人實體中，個體經營占了很大比重，合夥型、公司型等經紀人實體較少，尚處於初始發展階段，經營規模較小，經營信譽、經營資質、抗風險能力都比較低。

(6) 農副產品經紀人整體素質亟待提高。由於個體經紀人所占比例較大，他們的資訊採集手段比較落後，組織化程度不高。農產品經紀人相互之間缺乏資訊聯繫和交流，經紀活動大多呈鬆散型，更缺乏自律管理及權益的自我保護機制。

三、工業品消費市場經紀人

工業品消費市場經紀人是指從事日用消費品仲介業務活動的經紀人或經紀組織。改革開放以來，中國日用消費品市場經紀人獲得了前所未有的快速發展。目前，中國城鎮活躍著大批此類經紀人，為溝通產銷雙方，促進貨暢其流、物盡其用、適銷對路、繁榮城鄉市場，發揮了不可替代的重要作用。

工業品消費市場經紀人一般以大城市或區域經濟中心為依託，向周邊地區、其他省市乃至國外輻射。這是由日用工業品生產與流通的特點所決定的。

第五章　期貨經紀人

第一節　期貨的一般概念

一、期貨的概念

期貨（Futures）與現貨完全不同，現貨是實實在在可以交易的貨（商品），期貨主要不是貨，而是以某種大宗產品如棉花、大豆、石油等及金融資產如股票、債券等為標的標準化可交易合約。因此，這個標的物可以是某種商品（例如黃金、原油、農產品），也可以是金融工具。

從期貨的起源和發展我們可以看出，商品期貨交易的過程，是從一手交錢一手交貨演變成「未買先賣」遠期合同，最後落腳為標準化合約。期貨是相對於現貨而言的，期貨商品交易雙方通過簽訂合約的方式，把商品與貨幣的相互換位推至未來某一日期。期貨交易以規範的合約形式操作，因此，也稱為期貨合約買賣。商品期貨的獨創之處，就在於它們把所有的現貨和那些你能觸摸到甚至能聞到的值錢資產，變成你能安心交易的一張紙，這張紙就是我們所說的期貨合約。

在談論合約時，人們很自然地認為，合約就是印得密密麻麻的一紙文書。誠然，期貨合約確實涉及大量的文件和文書工作，但是期貨合約並非簡單、普通的一紙文書。期貨合約是通過期貨交易所達成的一項具有法律約束力的協議，即同意在將來買賣某種商品的契約。用術語來表達，期貨合約指由期貨交易所統一制定的，經國家監管機構審批上市的，規定在將來某一特定的時間和地點交割一定數量和質量的實物商品的標準化合約。期貨合約可借交收現貨或進行對沖交易來履行或解除合約義務。合約的單位為「張」或「手」，也可稱為「口」。

二、期貨市場的相關概念

1. 期貨市場

廣義上的期貨市場（Future Market）包括期貨交易所、結算所或結算公司、經紀公司和期貨交易員。狹義上的期貨市場僅指期貨交易所。期貨交易所是指買賣期貨合約的場所，是期貨市場的核心。比較成熟的期貨市場在一定程度上相當於一種完全競爭的市場，是經濟學中最理想的市場形式。所以期貨市場被認為是一種較高級的市場組織形式，是市場經濟發展到一定階段的必然產物。期貨市場是交易雙方達成協議或成交後，不立即交割，而是在未來的一定時間內進行交割的場所。其有以下作用：

（1）規避風險。期貨交易者可以通過在期貨和現貨市場兩個市場進行反向交易，建立起以一個市場的盈利彌補另一個市場的虧損的盈虧沖抵機制，規避價格漲跌的風險，實現確保正常生產與經營利潤的目的。比如，大豆種植者在播種大豆時，預期在收穫時大豆價格極可能下降，因此為規避風險，種植者在當期於期貨市場賣出交割月份在大豆收穫時期與預計大豆產量相近的期貨合約。到大豆收穫時，如果大豆價格真的下降，這雖然使得大豆種植者在現貨市場上承擔了一定的損失，但是種植者可以將原來賣出的期貨合約進行對沖平倉來獲得收益，此時市場的盈利可部分或全部彌補現貨市場的虧損。反之，若大豆收穫時價格上升了，大豆種植者同樣可通過對沖平倉，使現貨市場上的收益彌補期貨市場上的損失。

（2）價格發現。價格發現是指買賣雙方通過交易活動，使某一時間和地點上某一特定質量和數量的產品的交易價格接近其均衡價格的過程。期貨市場特有的機制比其他市場形成均衡價格具有更高的效率。一是數量巨大的期貨交易參與者有助於市場供求機制作用的充分發揮。在期貨交易市場中，交易人員的數量絕對巨大，除了期貨市場上的會員外，還有他們所代表的成千上萬的生產者、銷售者等，形成供求兩方面的充分作用，有助於均衡價格的形成。二是經驗豐富的市場交易者對市場價格的科學預測，通過市場博弈有利於形成均衡價格。三是期貨市場競爭公開化與公平化有助於公正價格的形成。

2. 期貨交易所

期貨交易所是指為期貨交易提供場所、設施、服務和交易規則的非盈利機構。交易所普遍採用會員制，設置有嚴格的入會條件。一般而言，成為會員首先要向交易所提出入會申請，由交易所調查申請者財務的資產信用狀況，若資產信用狀況可靠，且符合入會條件，申請者經理事會批准方可入會。交易所的會員席位一般可以轉讓。交易所的最高權力機構是會員大會。會員大會下設董事會或理事會，一般由會員大會選舉產生，董事會聘任交易所總裁，負責交易所的日常行政和管理工作。

期貨交易所的主要作用是：

（1）提供一個有組織、有秩序的交易場所，保證期貨交易在公正、公平、公開原則下順利運行。

（2）提供公開的交易價格。

（3）提供統一的交易規則和標準，使交易有秩序地進行。

（4）提供良好的通信資訊服務。

（5）提供交易擔保和履約保證，使交易有保證作用。

交易所實行會員制，交易所經營運作等方面的重大決策由全體會員共同決定，收入來源於會費。

3. 期貨結算所

當今各國期貨結算所的組成形式大體有三種：

（1）結算所隸屬於交易所，交易所的會員也是結算會員。

（2）結算所隸屬於交易所，但交易所的會員中只有部分財力雄厚者才成為結算會員。

（3）結算所獨立於交易所之外，成為完全獨立的結算所。

期貨結算的功能和作用有：
(1) 負責期貨合約買賣的結算；
(2) 承擔期貨交易的擔保；
(3) 監督實物交割；
(4) 公布市場資訊。

4. 期貨經紀公司

期貨經紀公司（或稱經紀所）是指代理客戶進行期貨交易，並提供有關期貨交易服務的企業法人。期貨經紀公司在代理客戶期貨交易時，收取一定的佣金。作為期貨交易活動的仲介組織，期貨經紀公司在期貨市場構成中具有十分重要的作用。一方面它是交易所與眾多交易者之間的橋樑，拓寬和完善了交易所的服務功能；另一方面，它為交易者從事交易活動，向交易所提供財力保證。期貨經紀公司內部機構設置一般有結算部、按金部、信貸部、落盤部、資訊部、現貨交收部、研究部等。一個規範化的經紀公司應具備完善的風險管理製度，遵守國家法規和政策，服從政府監管部門的監管，恪守職業道德，維護產業整體利益，嚴格區分自營和代理業務，嚴格客戶管理，經紀人員素質高等條件。

5. 期貨交易者

按照參與期貨交易的目的劃分，可將期貨交易者劃分為套期保值者和投機者。

(1) 套期保值者。這類群體一般是生產經營者、個體工商戶等，他們為減少未來價格波動帶來的潛在損失，利用期貨市場進行保值交易。

(2) 投機者。這類群體是指利用股指期貨市場與股票市場之間，以及股指期貨的不同市場、不同品種、不同時期之間所存在的不合理價格關係，通過同時買進賣出以賺取價差收益的機構或個人。他們在期貨市場中起著「潤滑劑」的作用，實現期貨市場迴避風險和發現價格兩大功能。

三、期貨交易製度

期貨交易製度有廣義和狹義之分，廣義的期貨交易製度包括期貨市場管理的一切法律、法規、交易所章程及規則。狹義的僅指期貨交易所制定的經過國家監管部門審核批准的《期貨交易規則》及以此為基礎產生的各種細則、辦法、規定。

1. 保證金製度

保證金是履行期貨合約的財力擔保和結算資金。製度規定，保證金一般以一定比例（通常為5%~10%）在期貨合約價值中計提，期貨交易者在持倉期間至少要將保證金維持在交易所規定的最低水準。

保證金分為結算準備金與交易保證金。結算準備金是指會員為方便結算，在交易所專用結算帳戶預先準備的資金，是獨立於期貨交易合約的保證金。交易保證金是指會員在交易所專用結算帳戶中確保合約履行的資金，是已被合約占用的保證金。保證金是分級收取的。由於期貨交易所實行會員制，非會員只能通過期貨公司進行期貨交易，因此保證金分為期貨交易所向會員收取的保證金，以及作為會員的期貨公司向客戶收取的保證金。交易保證金比率在某些情況下是可調整的。比如，交易保證金的比

率高低與實物交割期的遠近負相關，與合約持倉量的大小正相關，與漲跌停板次數多少正相關，與異常情況出現次數正相關。

2. 當日無負債結算製度

當日無負債結算製度，是指每日交易結束後，交易所按當日結算價結算所有合約的盈虧、交易保證金及手續費、稅金等費用，對應收應付的款項同時劃轉，相應增加或減少會員結算準備金的製度。在結算時，若交易保證金超過上一交易日結算時的交易保證金，則從會員結算準備金中扣劃；若交易保證金低於上一交易日結算時的交易保證金，則劃入會員的結算準備金。當保證金不足時，期貨公司應立即向客戶發出追加保證金的通知，要求客戶在規定的時間內追加保證金或自行平倉，會員未在該時間內追加保證金或自行平倉的，期貨交易將對該會員的合約強行平倉，產生的所有費用和造成的損失均由該會員承擔。同樣，期貨交易的結算也是分級的，即期貨交易所對其會員進行結算，會員或期貨公司對其客戶進行結算。期貨交易所在當日交易結算後，及時將結算結果反饋給會員。會員或期貨公司及時根據期貨結算機構的結算結果對客戶的期貨交易進行結算，並應及時將結算結果通知客戶。

3. 漲跌停板製度

漲跌停板製度是指期貨合約的成交價格波動不得高於或者低於規定的漲跌幅度，否則將被視為無效報價。漲跌停板的邊界以上一交易日的結算價為基準確定，加上或減去允許的最大漲幅或跌幅構成當日成交價格的上限或下限，稱為漲停板或跌停板。漲停價格與跌停價格的具體計算公式如下：

漲停價格＝上一交易日的結算價×（1+漲跌停板幅度）

跌停價格＝上一交易日的結算價×（1-漲跌停板幅度）

這一製度可以有效抑制因突發性事件或過度投機行為引起的期貨價格暴漲暴跌，使會員和客戶的保證金帳戶巨幅虧損甚至透支，以致期貨交易所無法確保合約履行的嚴重後果。

4. 持倉限額製度

持倉限額製度是指交易所規定會員或客戶可以持有的，按單邊計算的某一合約投機頭寸的最大數額。實行持倉限額製度的目的在於防範操縱市場價格的行為和防止期貨市場風險過度集中於少數投資者。持倉限額製度有以下規定：一是交易所根據不同期貨合約的具體情況或同一期貨合約的不同交易階段分別確定限倉數額，並採取限制會員持倉和限制客戶持倉相結合的辦法，從而減少市場風險產生的可能性。交易所可以按照「一般月份」、「交割月前一個月份」、「交割月份」三個階段依次對持倉數額進行限制。距離交割月越近，會員或客戶的限倉量應該越小，對於進入交割月份的合約限倉數額更應從嚴控制。二是同一客戶在不同期貨公司會員處開有多個交易編碼，各交易編碼上所有持倉頭寸的合計數，不得超出一個客戶的限倉數額。三是會員或客戶持倉達到或超過持倉限額的，不得同方向開倉交易。四是套期保值交易頭寸實行審批制，其持倉不受限制。

5. 大戶報告製度

大戶報告製度是與持倉限額製度緊密相關的又一個防範大戶操縱市場價格、控制

市場風險的製度，是指當交易所會員或客戶某品種某合約持倉達到交易所規定的持倉報告標準時，會員或客戶應向交易所報告。通過實施大戶報告製度，交易所可以對持倉量較大的會員或投資者進行重點監控，瞭解其持倉動向、意圖，對於有效防範市場風險有積極作用。

6. 交割製度

交割是指合約到期時，按照期貨交易所的規則和程序，交易雙方通過該合約所載標的物所有權的轉移，或者按照規定結算價格進行現金差價結算，了結到期末平倉合約的過程。以標的物所有權轉移進行的交割為實物交割，按結算價進行現金差價結算的交割為現金交割。一般來說，商品期貨以實物交割為主，金融期貨以現金交割為主。

7. 強行平倉製度

強行平倉製度是指交易所按照有關規定對會員、客戶持倉實行平倉的一種強制措施，是交易所控制風險的手段之一。一般而言，當會員準備金不足又未按時補足或持倉超出限倉規定，以及會員犯有滿足強制平倉的違規行為時，期貨交易所將實施強制平倉。在開市後第一節交易時間內，首先是由會員自己執行，超過時限的，則由交易所強制執行。

8. 風險準備金製度

風險準備金製度是指期貨交易所為確保期貨市場正常運行，以及防範不可預見風險，而從會員交易收費中以一定比例計提專項資金的製度。

9. 資訊披露製度

資訊披露製度是指期貨交易所按有關規定定期公布期貨交易有關資訊的製度。期貨交易所公布的資訊主要包括在交易所期貨交易活動中產生的所有上市品種的期貨交易行情、各種期貨交易數據統計資料、交易所發布的各種公告資訊以及中國證監會規定披露的其他相關資訊。這些資訊必須是真實、準確的，這樣才能體現期貨交易公平、公開、公正的原則，使期貨交易者根據充分的資訊做出正確的決策，避免不法交易者利用內幕消息損害其他交易者的利益。

第二節　期貨經紀人

一、期貨經紀人的概念

期貨經紀人是指專門從事商品期貨、金融期貨、期權等品種交易的仲介，以自身名義介入期貨交易或代客買賣期貨（包括出市代表和其他從事客戶開發、開戶、執行委託、結算等業務），在期貨交易中進行分析、判斷，通過價格漲跌波動賺錢的機構或人員，但其不能直接代表客戶投資。

二、期貨經紀人的類型

期貨仲介機構為期貨投資者服務。它連接期貨投資者和期貨交易所及其結算組織

機構，在期貨市場中發揮著重要作用。

第一，期貨仲介機構克服了期貨交易中實行的會員交易製度的局限性，吸引了更多交易者參與期貨交易，使期貨市場的規模得以發展。

第二，通過期貨經紀機構的仲介作用，期貨交易所可以集中精力管理有限的交易所會員，而把廣大投資者管理的職能轉交給期貨仲介機構，能夠讓期貨交易所和期貨仲介機構雙方以財權為基礎劃分事權，雙方各負其責。

第三，代理客戶入市交易。期貨仲介機構代理客戶辦理買賣期貨的各項手續，向客戶介紹和揭示期貨合約的內容、交易規則和可能出現的風險等，及時向客戶報告指令執行情況或交易結果及盈虧情況。

第四，對客戶進行期貨交易知識的培訓，向客戶提供市場資訊、市場分析，提供相關諮詢服務，並在可能的情況下提出有利的交易機會。

第五，普及期貨交易知識，傳播期貨交易資訊，提供多種多樣的期貨交易服務。

(一) 國際種類

以美國經濟機構為例，機構包括期貨佣金商、介紹經紀商、場內經紀人、助理仲介人、期貨交易顧問等。

1. 期貨佣金商

期貨佣金商是指接受客戶委託，代理客戶進行期貨、期權交易，並收取交易佣金的仲介組織。期貨佣金商類似於中國的期貨公司，可以獨立開發客戶和接受指令，可以向客戶收取保證金，也可以為其他仲介提供下單通道和結算指令。期貨佣金商必須維持法定的最低淨資本要求，保存帳簿和交易記錄。

2. 介紹經紀商

介紹經紀商在國際上既可以是機構也可以是個人，但一般都以機構的形式存在。其主要業務是為期貨佣金商開發客戶或接受期貨、期權指令，但不能接受客戶的資金，且必須通過期貨佣金商進行結算。介紹經紀商又分為獨立執業的介紹經紀商（IIB）和由期貨公司擔保的介紹經紀商（GIB）。前者必須維持最低的資本要求，並保存帳簿和交易記錄。後者則與期貨佣金商簽訂擔保協議，借以免除對介紹經紀商資本和記錄的法定要求。

3. 場內經紀人

場內經紀人是指在期貨交易所內特定的交易場地，為客戶買賣期貨的人。場內經紀人存在於公開喊價的交易場所內，在採用電子化交易的交易場所內沒有場內經紀人。

4. 助理仲介人

助理仲介人是指為期貨經紀商提供客源的個人。

5. 期貨交易顧問

期貨交易顧問是指為客戶提供期貨交易決策諮詢或進行價格預測的期貨服務商。這些期貨仲介機構的主要工作內容是：市場開發和業務拓展，為公司招徠客戶、吸納資金；為委託人辦理期貨合約買賣的各項手續；向委託人詳盡介紹期貨合約的內容、交易所的交易規則及相關法律法規；及時向委託人報告市場資訊，提交市場研究報告，

充當委託人的交易顧問，向委託人提供有利的交易機會；維護委託人的利益，按委託人的指令進行期貨合約買賣。

(二) 國內種類

國內期貨市場經紀人主要包括期貨公司和介紹經紀商。

1. 期貨公司

(1) 性質。期貨公司是指依法設立的，接受客戶委託，按照客戶的指令，以自己的名義為客戶進行期貨交易並收取交易手續費的仲介組織，其交易結果由客戶承擔。

(2) 職能和作用。期貨公司作為交易者與期貨交易所之間的橋樑和紐帶，歸為非銀行金融服務產業。國際上，期貨公司一般具有以下職能：根據客戶指令代理買賣期貨合約、辦理結算和交割手續；從事期貨交易自營業務；對客戶帳戶進行管理，控制客戶交易風險；為客戶提供期貨市場資訊，進行期貨交易諮詢，充當客戶的交易顧問等。目前，中國期貨公司受現行法規約束，主要從事經紀業務，自營業務受到限制。

期貨公司一般設置以下組織機構：財務部門、結算部門、信貸部門、交易部門、現貨交割部門、客戶服務部門、研發部門。

期貨公司接受客戶委託代理期貨交易，拓展市場參與者範圍，擴大市場規模，節約交易成本，提高交易效率，增強期貨市場競爭的充分性，有助於形成權威、有效的期貨價格。期貨公司有專門從事資訊收集及行情分析的人員為客戶提供諮詢服務，有助於提高客戶交易的決策效率和決策的準確性。期貨公司擁有一套嚴密的風險控制製度，可以較為有效地控制客戶的交易風險，實現期貨交易風險在各環節的分散承擔。

(3) 期貨居間人與期貨公司的關係。期貨市場中存在一個特殊的群體——期貨居間人。期貨居間人，又稱客戶經理，是指獨立於公司和客戶之外，接受期貨公司委託，獨立承祖基於居間法律關係所產生的民事責任的自然人或組織。需要注意的是，居間人與期貨公司沒有隸屬關係。居間人不是期貨公司所訂立期貨經紀合同的當事人。而且，期貨公司的在職人員不得成為本公司和其他期貨公司的居間人。

居間人是為投資者或期貨公司介紹訂約或提供訂約機會的個人或法人，即根據居間合同的規定，為期貨公司提供訂立期貨經紀合同的機會或仲介服務。他們本身並不是期貨公司的員工，只是憑藉手中的客戶資源以及資訊管道優勢為期貨公司和投資者「牽線搭橋」。居間人因從事居間活動付出勞務，有按合同約定向公司索取酬金的權利。

2. 介紹經紀商

目前，中國已經引入券商介紹經紀商製度，即由券商擔任期貨公司的介紹經紀商來提供中間介紹業務，這一製度有利於券商與期貨公司開展合作。

證券公司受期貨公司委託從事介紹業務，應當提供下列服務：第一，協助辦理開戶手續；第二，提供期貨行情資訊、交易設施；第三，中國證監會規定的其他服務。

證券公司不得代理客戶進行期貨交易、結算或者交割，不得代期貨公司、客戶收付期貨保證金，不得利用證券資金帳戶為客戶存取、劃轉期貨保證金。

證券公司從事介紹業務，應當與期貨公司簽訂書面委託協議。委託協議應當載明下列事項：介紹業務的範圍；執行期貨保證金安全存管製度的措施；介紹業務對接規

則；客戶投訴的接待處理方式；報酬支付及相關費用的分擔方式；違約責任；中國證監會規定的其他事項。

根據2007年4月頒布實施的《證券公司為期貨公司提供中間介紹業務試行辦法》的規定，券商申請介紹業務資格應符合「淨資本不低於12億元」的條件，同時申請該業務的券商必須全資擁有或者控股一家期貨公司，或者與一家期貨公司受同一機構控制。

第三節　期貨經紀業務

由於期貨經紀業務主要由期貨公司來承擔，因此本節主要介紹期貨公司在期貨交易中的業務流程。

一、開戶

期貨交易通過期貨交易所來完成，而期貨交易所實行的是會員管理制，即只允許期貨公司會員與非期貨公司會員進行交易。因此，普通投資者要進行期貨投資，應選擇期貨公司會員來代理其期貨投資業務，通過向該期貨公司提出委託申請，開立帳戶，建立起投資者（委託人）與期貨公司（代理人）之間的法律關係。

期貨公司在接到投資者的委託申請後，應協助投資者快速、規範地建立起期貨投資帳戶。從開設帳戶的基本程序上看，流程主要包括風險揭示、簽署合同及繳納保證金。

1. 風險揭示

期貨公司在受理客戶的開戶申請時，應出具由中國證監會統一制定的期貨交易風險說明書，請客戶仔細閱讀並理解，提醒注意和詳細闡釋其中的關鍵事項。在確保客戶充分理解期貨交易風險說明書後，請客戶在期貨交易風險說明書上簽字確認，單位客戶要由法定代表人或其他被授權人簽字，或加蓋公章。在確認客戶在期貨交易風險說明書簽字後，期貨公司與客戶簽訂期貨經紀合同，詳細說明合同中關鍵條款的含義，並回答客戶質疑，確保客戶完全理解期貨經濟合同中的規定，以及雙方的權利義務關係，最後請客戶簽字確認。

2. 簽署合同

期貨經紀合同包括期貨買賣委託協議書和代理買賣委託書，前者與期貨公司簽訂，後者與期貨經紀人簽訂。期貨公司指導個人客戶在該合同上簽字，其他單位客戶應由法人代表或被授權人簽字並蓋章。

3. 繳納保證金

期貨公司按期貨經紀合同的規定向客戶收取保證金，並將保證金存入合同指定的客戶帳戶中，保證金金額要高於期貨交易所規定的最低收取標準，保證金只能用於期貨交易結算，不能用於他途。

二、下單

期貨交易合約在客戶確定品種、交易方向、數量、月份、價格、交易日期等後，由經紀人和交易指令下達人簽字後生效，客戶選擇書面、電話、互聯網等途徑下達交易指令，期貨公司輔助客戶完成指令的下達。

1. 書面下單

期貨公司交易部將客戶親自填寫的交易單，發至期貨交易所進行交易。在互聯網沒有普及以前，中國期貨交易普遍採用書面下單這種下單方式，但其如今已很少被採用。

2. 電話下單

期貨公司應將客戶的指令留存，以備日後查證，並將該指令輸入與交易所主機遠程聯網的交易終端，進行撮合交易。按規定，客戶最後須在交易單上簽名確認。

3. 網上下單

客戶在網上通過期貨公司配置的網上下單系統，輸入交易客戶編號與密碼，進入系統後，輸入交易指令，該交易指令會由期貨公司傳至交易所主機，進行撮合交易，交易得失會在下單系統中體現。

交易指令執行後，出市代表應立刻向期貨經紀公司交易部反饋交易成交結果，並由期貨交易部生成記錄報告單交給客戶，請客戶予以確認。若客戶對交易結算單記載事項有異議，應以書面形式在下一個交易日開始前向經紀公司提出；若無異議，則需要在交易結算單上簽字或執行合同約定事項。既不確認也未提出異議的，視為確認交易結算單記載事項。

三、競價

期貨合約價格的形成方式主要有公開喊價和計算機撮合成交兩種方式。其中，公開喊價屬於傳統的競價方式。隨著資訊技術與互聯網的廣泛運用，計算機撮合成交方式逐步成為主流的競價方式。

在歐美市場，公開喊價方式中的連續競價制（動盤）是較為流行的競價方式。場內經紀人和交易者聚集在期貨交易所交易大廳相關商品期貨合約交易圈內，通過公開競價的方式，喊出各自買入或賣出的期貨合約，並與具有交易傾向的潛在成交者進行討價還價，最後簽訂合約。一般而言，當買賣雙方的數量和價格相等時，交易即可達成。

四、結算

結算是指根據期貨交易所公布的結算價格對交易雙方的交易盈虧狀況進行的資金清算和劃轉。在中國鄭州商品交易所、大連商品交易所和上海期貨交易所，交易所只對會員進行結算，期貨公司會員對客戶進行結算。中國金融期貨交易所實行會員分級結算製度，交易所對結算會員結算，結算會員對其受託的客戶、交易會員結算，交易會員對其受託的客戶結算。

期貨公司在每一交易日交易結束後，對每一客戶的盈虧、交易手續費、交易保證

金等款項進行結算。其中，交易保證金額度不得低於交易所向會員收取的交易保證金，否則，期貨公司會按照期貨經紀合同約定的方式通知客戶追加保證金。此外，期貨公司會向客戶出具交易結算單，明確顯示帳號及戶名、成交日期、成交品種、合約月份、成交數量及價格、買入或者賣出、開倉或者平倉、當日結算價、保證金占用額和保證金餘額、交易手續費及其他費用、稅款等需要載明的事項。

第六章　證券經紀人

第一節　證券市場

一、證券概述

(一) 證券的概念

證券的概念有廣義和狹義之分。廣義證券概念是指以證明或設定權利為目的所做成的憑證，即指各類記載並代表一定權利的法律憑證的統稱。它表現為證券持有人或第三人有權取得該證券擁有的特定權益，或證明其曾經發生過的行為。狹義證券是指以一定書面形式或其他形式，記載並代表特定民事權利的證書。

(二) 證券的分類

根據中國《證券法》的規定，中國證券法上的證券主要是股票、公司債券以及國務院依法認定的其他證券。目前中國證券市場上發行和流通的證券，主要有股票、債券、基金以及權證等證券衍生品種。

1. 股票

股票是股份公司發行的，用以證明投資者的股東身分和權益，並據以獲得股息和紅利的可轉讓書面憑證。股票按照不同的標準，可分為不同的種類：按照股票所代表的股東權利的不同，分為普通股票和特別股票（優先股票）；按照股票票面是否記載股東姓名，分為記名股票和無記名股票；按照股票票面是否記載金額，分為有面額股票和無面額股票；按照持股主體的不同，分為國家股、法人股、個人股及外資股；按照購買股票的主體及幣種的不同，分為 A 股和 B 股等。

2. 債券

債券是表示債權債務關係的書面憑證。持券人有按約定的條件向發行人（借款人）取得利息和到期收回本金的權利。債券按照不同的標準，可分為很多不同種類，最主要的分類有：按照發行主體的不同，分為政府債券、公司債券、企業債券、金融債券；按照利率規定的不同，分為固定利率債券和浮動利率債券；按照抵押擔保條件的不同，分為抵押債券、擔保債券和信用債券；按照受益方式的不同，分為可轉換公司債券、附新股認購權公司債券等；按照償還期限的不同，分為短期債券、中期債券、長期債券。

3. 基金

基金又稱證券信託投資基金，是一種利益共享、風險共擔的集合投資方式，即按照《證券投資基金法》及基金章程的規定，通過公開發行受益憑證，募集社會公眾投資者的資金，交由專門管理機構營運，用於證券投資並盈利的一種組織形式。基金種類很多，按不同標準可分為不同類別，主要分類有：按照基金比例能否贖回，分為開放型基金和封閉型基金；按照基金組織形式的不同，可分為契約型基金和公司型基金；按照基金投資風險與收益的不同，可分為成長型投資基金、收入型投資基金和平衡型投資基金；根據基金投資對象的不同，可分為股票基金、債券基金、貨幣基金、期貨基金、期權基金、指數基金等。

4. 權證

權證是證明持有人擁有特定權利的契約，是標的證券發行人或其以外的第三人發行的，約定持有人在規定期間內或特定到期日，有權按約定價格向發行人購買或出售標的證券，或以現金結算方式收取結算差價的有價證券。權證中約定的證券，通常被稱作「標的證券」或「基礎證券」。如股票權證，其標的為股票。權證的分類方法有很多種，按照權證未來權利的不同，可分為認購權證和認沽權證。認購權證是指標明未來買入權利的權證，即持有認購權證者，可在規定期間內或特定到期日，向發行人購買標的股票；認沽權證是指標明未來賣出權利的權證，即持有認沽權證者能以約定價格賣出標的股票。權證本身並沒有價值，只是一種證券投資風險轉移工具。作為一種特定權利的契約，其交易價格是由標的證券本身的價值和價格以及權證的市場供求關係所決定的。例如股票，如果在到期時標的股票價格低於行權價，認購權證將一錢不值；如果到期時標的股票價格高於行權價，認沽權證就將一錢不值。所以，權證交易風險很大。

5. 證券衍生品

證券衍生品是指在證券基礎上衍生出來的各種證券交易品種的總稱，如股票指數、股票權證、股指期貨等。證券衍生產品的出現是證券市場風險規避的需要，但同時也帶來新的證券交易風險。

(三) 證券特徵

1. 證券是一種投資憑證

證券作為投資者權利的載體，可以證明投資者的投資，同時代表了投資者的一定權利，如請求分配紅利的權利、還本付息的權利、參加股東大會的權利等。投資者據此可以行使憑證上的一切權利。

2. 證券是一種權益憑證

證券是一定權益的體現，投資者憑券獲取相應收益，如股息分紅、債息收入、基金分紅、獲得送股或贈股等。它既有收益性，又有風險性。投資不同的證券，收益不同，風險亦不同。

3. 證券是一種可轉讓的權利憑證

證券持有者可以隨時將證券轉讓出賣，以實現自身權利。證券的可轉讓性，即流

通性，是證券的本質屬性。

4. 證券是一種要式憑證

證券是具有一定形式要求的憑證，傳統意義上的憑證一般須採用書面形式，並對樣式或格式、記載內容、簽章有所規範。現代資本證券，大多實行電子化或簿記方式，雖然證券的載體發生變化，但其要式性依然存在，如電子輸入中的代碼以及密碼，是電子證券中不可缺少的基本要素。

二、證券市場

（一）證券市場的概念與分類

證券市場是證券發行與交易活動場所的總稱。它由金融工具、交易場所以及市場參與主體等要素構成，是現代金融市場極其重要的組成部分。

按照不同的標準或角度，可以對證券市場進行不同的分類。

1. 按照證券市場的功能分

按照功能分，證券市場可分為證券發行市場和證券流通市場，或一級市場和二級市場、初級市場和次級市場。

證券發行市場又稱一級市場或初級市場，是指證券發行主體將新發行和增資發行的股票或債券通過承銷商出售給投資者的市場，它由證券發行人、認購人與承銷人三者組成，其功能是為資金需求者提供籌集資金服務，為投資者提供投資收益的機會；證券流通市場又稱二級市場或次級市場，是指投資者把在發行市場上買來的證券再次或重複多次投入流通，實現證券在不同投資者之間不斷買賣的市場，其功能是為已發行的證券提供流通場所，使新的投資者獲得投資的機會。

2. 按照證券市場的組織形式分

按照組織形式分，證券市場可分為場內交易市場和場外交易市場。

場內交易市場又稱集中交易市場，一般是為證券交易所設立的交易場所，其通常採取集中競價的交易方式，是上市證券的主要交易場所；場外交易市場，是相對於交易所市場而言的，是指證券交易所以外的其他證券交易市場，它是交易所市場的重要補充。場外交易市場一般是沒有組織的、分散的，買賣雙方通過協商定價直接進行證券交易，如櫃檯交易市場。隨著通信技術的發展，一些國家出現了有組織的、通過現代化通信與電腦網路進行交易的場外交易市場，如美國全美證券商協會自動報價系統（NASDAQ，又譯納斯達克）。

3. 按照證券市場交易對象的種類分

按照交易對象的種類分，證券市場可分為股票市場、債券市場、基金市場和衍生證券市場。

股票市場又稱股市，是發行和買賣股票的市場，是證券市場最基本的組成部分；債券市場又稱債市，是發行和買賣債券的市場。由於債券市場有許多交易品種，又可以分為國債市場、企業債券市場、公司債券市場、金融債券市場等；基金市場是基金證券發行和流通的市場。依照基金的特點和性質，基金市場又可分為投資基金市場和

產業基金市場。中國目前已初步形成投資基金市場，產業基金市場尚有待發展；衍生證券市場是指各種衍生證券上市與交易的市場，包括期貨市場、期權市場以及其他衍生證券市場。

此外，證券市場還有其他一些分類。按照地域標準，證券市場可分為國內證券市場和國際證券市場；按照性質與特點，證券市場可分為主板市場或一板市場、次板市場或二板市場、創業板市場等；按照物質形態，證券市場可分為有形市場和無形市場。

(二) 證券市場的主體

證券市場的主體是指參與證券市場活動的各種法律主體，包括證券發行主體、證券投資主體、證券服務仲介機構、證券業自律組織和證券監管機構。

證券發行主體，通常是指證券發行人，一般包括公司、企業、金融機構、基金組織、政府等。

證券投資者，通常是指證券投資人，一般分為個人投資者和機構投資者。機構投資者一般包括公司、企業、金融機構、基金組織、政府機構等。

證券服務仲介機構，通常是指為證券發行與交易提供服務的各種仲介機構，一般包括證券交易所、證券登記結算機構、證券公司、證券服務機構。證券交易所是為證券發行和交易提供場所和設施服務的機構，通常依法兼有部分證券監管職責；證券登記結算機構是為證券發行和交易提供登記、保管、結算、過戶等服務的仲介機構；證券公司是為證券交易提供代理服務的仲介機構；證券服務機構是指為證券發行、交易提供各種其他服務的仲介機構，一般包括投資諮詢機構、財務顧問機構、資產信用評級機構、資產評估機構、會計師事務所、律師事務所等。

證券自律性組織，是指證券業產業協會，如證券業協會、交易所協會等。

證券監管機構，是指依法設置的對證券發行與交易實施監督管理的機構，如中國證券監督管理委員會。

(三) 證券市場的功能

1. 橋樑功能

證券市場是聯繫資金供應者與資金需求者的橋樑。證券市場提供的經常性和統一性的市場，使證券發行者、證券購買者、證券轉讓者和中間機構得以在這個市場上聯繫起來，使證券的發行與流通便利地進行。

2. 融資功能

證券市場為企業提供了籌集社會資金的重要管道。企業可以通過證券市場直接融資，其所能達到的籌資規模和速度是企業依靠自身累積和銀行貸款無法比擬的。企業在證券市場上發行股票和債券，能夠迅速地把社會閒散資金集中起來，形成巨額的、可供長期使用的資本，用於社會化的大生產和大規模經營。

3. 投資功能

證券市場為投資者提供了投資管道。大量的社會閒散資金，通過證券市場投資於各種證券，投資者從此獲得風險收益。證券市場的投資功能是證券市場賴以存在和發展的基礎。失去投資功能的證券市場難以吸引投資者，沒有了投資者，證券市場將成

為無源之水，無本之木，其融資功能將會逐漸萎縮，亦難以持續發展。

4. 資源配置功能

證券市場可以優化資源配置。投資者投資證券一般要通過各種證券在市場上表現出的收益率差別，以及發行者所公布的各種財務資訊，決定資金的投向。投資者往往拋棄收益率低、缺乏增長潛力的證券，購買收益率高、具有高成長性的證券。這種趨利行為，使效益好、具有發展前景的企業得到充裕的發展資金，而效益差、沒有發展前景的企業則因資金匱乏，難以發展，最終被淘汰或被兼併。如此，證券市場發揮出優化資源配置的功能，同時也促使企業改善經營管理，提高企業效益。

5. 晴雨表與槓桿功能

所謂晴雨表功能是指成熟的證券市場能夠充分反應國民經濟運行的狀況，為政府的宏觀調控與決策提供重要依據；所謂槓桿功能是指證券市場為政府實施宏觀經濟政策提供了重要途徑。中央銀行往往利用證券市場來實施貨幣政策，通過在證券市場上進行公開市場操作，影響證券市場的交易活動，進而控制貨幣供應量，以實施宏觀經濟政策。當政府需要刺激經濟活動，從而增加貨幣供應量時，可在證券市場購進大量證券，即投放貨幣；反之則售出大量證券，即回收貨幣。證券市場為公開市場操作提供了槓桿。

值得注意的是，證券市場也會產生負面效應。它為證券投機提供了場所，證券市場上的投機，會引起證券市場的動盪或加劇經濟動盪，助長經濟活動中的投機詐欺行為。因此，證券市場法律調控的目標之一，就是發揮證券市場的正面效應，抑制其負面效益，使證券市場健康發展，成為充滿活力而有效率的市場。

第二節　證券經紀人

一、證券經紀人的含義

證券經紀人是指在證券經紀活動中以收取佣金為目的，為促成證券投資者的證券交易而從事證券委託代理業務的公民、法人和其他經濟組織，具體表現為具備法人資格的證券經紀商和自然人形態的證券經紀人等。中國 1999 年 7 月 1 日施行的《中華人民共和國證券法》把證券公司分為綜合類證券公司和經紀類證券公司兩類，二者均可從事經紀業務，而對自然人形態的證券經紀人，則沒有明確的法律規定。2009 年 3 月 17 日，證監會頒布《證券經紀人管理暫行規定》，標示著廣泛以自然人形態存在的這一類證券經紀人的法律地位得到了正式確立。

按照性質與職能，證券經紀人分為以下四類：

1. 佣金經紀人

佣金經紀人是指受客戶委託在交易所內代理客戶買賣證券，並因此獲得一定數量佣金的自然人經紀人或法人經紀人。這類買賣在場內或場外交易均可，業務經營、財務調配和對外招攬業務是佣金經紀人的主要職能。

2. 二元經紀人

二元經紀人是獨立的自然人經紀人，或是投資銀行的代表。二元經紀人接受佣金經紀人委託，代理其進行資金籌措並為投資者進行證券買賣。由於在一段時間內，獨立經紀人曾對每100美元的股票交易收取2美元的佣金，所以，獨立經紀人又被稱為「兩美元經紀人」。兩美元經紀人不接受一般顧客的委託，而只接受佣金經紀人的委託從事證券買賣。

3. 專業經紀人

專業經紀人又稱特種經紀人或交易專家，指受佣金經紀人之委託，作為經紀人的經紀人從事證券買賣行為。在交易所內，專業經紀人擁有固定的交易臺並具有特殊身分，其從事特定種類股票的買賣業務。專業經紀人具有經紀人和證券商雙重身分，並且可以同時經營零售業務。在紐約證券交易所，大約有30%~40%的股票是在證券經紀人和交易廳專家之間成交的。

4. 網路經紀人

網路經紀人即通過互聯網向投資者提供交易、諮詢等服務的經紀人。網路經紀人是目前最具競爭力的經紀人。美國的嘉信理財是網路經紀人的代表。它在1993年還只是一個很不起眼的小公司，但通過發展網上交易，現在已成為全美最大的證券公司。它的交易額是傳統老牌券商美林交易額的4倍。

二、中國證券經紀人的發展現狀

2009年10月28日，中國證監會發布新規，對證券公司新設立營業部主體資格有所放寬，同時簡化了行政審批程序，各證券公司營業部數量急遽攀升，經紀從業人員隊伍迅速壯大。證券公司因此開始打價格戰，用降低佣金的方法來吸引客戶。產業普遍佣金率從萬分之十二，一降再降，直至成本線的萬分之三。2013年上半年，已經有個別證券營業部出現了「零佣金」開戶的情況，經紀業務佣金比例大幅下滑，券商佣金戰愈演愈烈，不少券商經紀業發展面臨瓶頸。目前中國證券經紀人發展還存在以下六個問題：

1. 證券經紀人的管理製度不完整

中國對證券商的設立實行嚴格的審批制（特許制），即券商證券經營資格的取得必須經國務院證券監管部門的審查批准，主要管理人員和業務人員必須具備證券從業資格、有健全的內部管理製度、有固定的經營場所和合格的交易設施等是設立證券商的必備條件，證券商在日常經營中接受證券監管部門的監管。然而，目前對流動性很大的自然人形式的證券經紀人的管理還不是很規範，這類證券經紀人的不規範行為很有可能破壞證券市場健康有序的發展。

2. 監管風險開口較大

中國目前採用的是以中國證監會及轄區證監局為主體，證券業協會等自律組織和券商三方參與的監管模式，尚無一個獨立的、專門針對證券經紀人的監管機構，這就導致了證監會的監管過於宏觀，無法對證券經紀人的個人行為進行監管，證券業協會的監管只局限在證券經紀人資訊公開平臺，缺乏日常行為跟蹤監管，而券商作為證券

經紀人的雇用機構，對證券經紀人行為的監管缺乏實效性，往往姑息大於懲罰。這種監管模式導致證券經紀人的監管風險開口不斷擴大，影響資本市場效率的發揮。

3. 薪酬安排不合理

薪酬安排是證券經紀人體系高效運行的動力基礎，也是提高經紀人效率的必要保證。但是目前國內證券經紀人運行模式中對證券經紀人薪酬的安排較為苛刻，各券商普遍採用極低的底薪和責任性佣金分紅的薪金配置，意圖通過刺激經紀人的工作積極性為自己提高佣金收入，但公司制定的任務量遠高於經紀人的實際能力，使經紀人在券商處得到的薪酬不足以維持生計，從而導致經紀人的從業積極性受挫。有的經紀人與多家券商簽訂居間協議或經紀人合同，同時服務於兩家以上券商，產生許多法律和道德問題。所以，中國證券經紀人產業以高離職率、高流動性為其產業特徵。產生這種問題的原因主要是中國券商追求短線的收益，注重經紀人現有的客戶資源，而無法為經紀人提供長期的培養機制和較理想的薪酬，從而導致高離職率、高流動性的問題。

4. 考核體系單一

目前國內證券經紀人運行模式選擇還處於探索階段，證券經紀人團隊與券商缺乏互信，合作意願非常有限，大部分券商採用的客戶經理模式使券商在經紀人體系中處於絕對強勢地位，證券經紀人基本權益無法得到保障，模式運行效率極其低下，甚至產生負面影響。券商對經紀人的入職考核期限一般為三個月到半年，通常設定一定的新開有效客戶數量和客戶資產量，考核標的以證券經紀人為公司拉來的客戶產生的收入為準則，片面地關心經紀人的業務收益，而忽視道德素養、學歷、實踐經驗、理論知識等綜合素質的考察。然而證券經紀人的業績往往和當時的行情有很大關係，階段性行情不好，證券經紀人在規定期限內完不成考核業績就要被迫離職，經紀人無法繼續為執業期間給公司帶來的客戶服務，久而久之，高流動性的證券經紀人團隊使客戶對券商服務產生不滿，券商服務成本增加，經紀業績下滑，產生惡性循環。券商單一目標考核體制使其失去大量潛力尚未發掘的優秀證券經紀人，從短期來看縮減了成本，但是從長遠來看，這種短期考核體制和用人機制在傷害證券經紀人的同時，丟掉的是寶貴的人才和企業的長期收益，這是得不償失的。產生這種問題的關鍵還是券商在經營中關心短期利益，忽略證券經紀人的培養價值和經紀人對券商長遠利益的貢獻。

5. 培訓體系不完善

國內證券公司對經紀人的招聘門檻過低，只需要應聘者具備大專學歷，有證券從業資格或經紀人資格即可入職，不考慮經紀人的從業經歷、職業發展規劃等，錄用環節具有盲目性。公司在經紀人入職時一般只對其進行形式性面試，而不考察其專業勝任能力和培養潛質。在經紀人入職時，有的券商只對其進行簡單的培訓，內容局限於行銷手段和管道、行銷技巧等，忽視對其職業道德規範與行為準則、證券分析能力和宏觀市場知識等的培訓，久而久之經紀人缺乏系統性理論修養，只是根據自己的主觀判斷幫助客戶做出投資決策。同時，券商對經紀人的後臺支持很少，只局限在行銷管道和工具上，對經紀人展業必要的投資研究報告、市場資訊、技術支持、硬體設施等支持較少，或者經紀人的要求得不到券商的支持，展業積極性受挫，工作熱情降低。這是對人力資源的非理性認識，也是最昂貴的人才流失。

6. 網上交易製度不完善

隨著電子通信技術及網路技術的發展著，網上證券交易正以前所未有的速度發展著，國內券商紛紛推出自己的網站，以此來拓展業務領域，擴大市場比例。據西南證券的內部統計資料表明，其網站建立以來，交易逐步放大，網上交易量已達到系統內交易總量的 50%左右。但目前各證券經紀公司還存在交易佣金標準不一、交易製度不完善等問題。

三、中國證券經紀模式

（一）證券營業部模式是中國證券經紀業務的主導模式

中國證券經紀服務自證券經營機構誕生以來，一直沿用證券營業部模式，證券商以證券營業部作為對外提供證券經紀服務的載體。2015 年初，中國共有證券公司 120 多家，證券營業部 7,000 餘家。

在證券市場發展初期，證券營業部模式是適應中國散戶投資者比重大、證券交易行情傳輸和資訊發布單一、證券交易清算製度落後等市場環境的，其在中國證券經紀業務發展過程中發揮了重要的作用。然而，證券營業部存在經營和服務上的重大缺陷，對中國證券經紀製度的建設產生了障礙。首先，營業部是證券商經紀業務的載體，處於等客上門的「坐商」狀態。雖然現在這種情況有所改變，但從整體上來看，證券營業部仍受服務方式和手段的限制。在交易時間內，員工仍處於集體聯合作戰的狀態，員工無法真正走出去，而只能將主要的精力用於現有客戶的服務和管理上，對於潛在客戶的開發還有很大的問題。其次，受證券交易手段和證券營業部這種服務形式的限制，目前經紀人的服務仍停留在提供證券交易條件方面，而提供證券資訊諮詢服務只是一項輔助服務。單一的服務模式嚴重地阻礙了證券經紀人製度的發展。

（二）現階段其他證券經紀人模式

1. VIP 理財專員模式

VIP 理財專員一般都是證券公司的職員。大多數營業部都把 VIP 理財專員劃到後臺，VIP 理財專員的主要工作就是為營業部中資金比較雄厚的客戶提供貼身服務，比如每天為客戶送上報紙、諮詢傳真，而個別工作經歷長、對證券投資有一定經驗的理財專員還經常向客戶提供投資建議。

2. 準經紀人模式

由於經紀商的不斷增加、經營成本的攀高，現在已經有不少營業部為充分調動雇員的積極性、提高經紀業務數量和質量、增加公司的競爭力，紛紛採用把雇員的收入與經紀業務量聯繫起來的經紀人模式。通常做法是，營業部向每個員工下達一定量的業務指標，如果雇員能完成該指標，就可以從所引進的客戶產生的交易佣金中按一定比例分紅；若沒有完成該指標，雇員不但收入無法提高，還會在以後的崗位競爭中處於劣勢。從某種意義上講，此種模式已經逐漸向真正的經紀人靠攏了。

3. 工作室模式

開辦工作室的證券經紀人一般都不是證券商的雇員，所以比較靈活。他們跟券商是合作關係，券商為其提供交易管道，他們則提供交易資訊和投資建議，吸引客戶進入工作室進行證券買賣。很明顯，工作室的成功與否取決於該經紀人的知名度和實際操盤經驗。而工作室的收入來自其吸引來的客戶的佣金返還和與客戶達成的收益分紅協議。這種形式的經紀人側重於對客戶的投資行為提供諮詢和建議，較好地履行了仲介職能，處於經紀人服務中比較先進的狀態。

4. 代客理財模式

這種模式主要指證券公司、投資管理公司和一些個人操盤手接受委託人的全權委託，為其提供證券買賣，以爭取委託資產的增值。因此，此類經紀人與委託人之間往往簽訂有最低收益的協議，這一點明顯違反了經紀人的行為規範。這類經紀人的收入來自交易佣金和超出收益部分的紅利分享。

四、證券經紀人的行為規則和職業操守準則

證券經紀代表是聯結證券市場和投資者的紐帶，其行為適當與否將直接影響投資者的利益和證券市場的公平與公正。因此，證券經紀代表在執業時，應嚴格自律，並恪守職業準則。這些準則應包括以下具體內容：

（1）充分瞭解客戶，包括瞭解客戶的資產信用狀況和投資理念，本著對客戶負責的態度，做好客戶服務工作，不得隱瞞客戶，私自進行操作。

（2）不得借助自身與證券經紀商的關係，製造消息，迷惑市場。

（3）不得與客戶聯手操縱股價。

（4）不得進行內幕交易。

（5）不得以獲取佣金為目的，鼓勵客戶頻繁買進或賣出證券。

（6）不得從事超出業務範圍的操作。

以上所列舉的只是涉及證券經紀人與客戶關係的部分行為規範，這些行為規範構成了證券經紀代表的責任，同時也對證券經紀代表的行為起到約束作用。職業操守準則是證券經紀代表立足證券市場的行為準則，應由證券監管部門及產業自律組織以法規或規章的形式予以頒布。

五、證券經紀人運作內容

在證券經紀人製度構建與運作過程中，應著重解決經紀人的招聘、培訓、組織及薪酬與分配製度問題。

（一）經紀人的招聘

一般情況下，經紀人的招聘方法及來源有以下三種途徑：

（1）公開招聘已有客戶基礎的在職經紀人；

（2）公司內部的工作人員經培訓後轉為經紀人；

（3）開設經紀人培訓課程，對外招生，從中選取成績合格的學員聘為經紀人。

這三種招聘方法各有利弊。在證券公司剛設立經紀人製度時，第一、第二種方法是最快、最便捷的途徑，但從長遠發展來看，開設經紀培訓課程這一方法是較為理想和全面的。這是因為：第一，可以增加公司的知名度。開設培訓課程，能夠吸引一批對證券投資有興趣的投資者參加學習。這些學員通過學習，提高和增強了證券知識水準和買賣技巧，自然會介紹一些朋友一起參與學習或分享學習到的投資心得，這對證券公司知名度的提高大有幫助。第二，可以增加客戶來源。在培訓中，由於學習場地就在交易大堂，教師也由證券從業人員擔任，教材則加入公司的一些介紹和內容，對學員來說很有現場實習的感覺。因此，學員不管日後是否能成為經紀人，都極可能成為公司的客戶。最重要的是，參加學習的學員在成為證券經紀人後，本身就是公司的一個最穩定的客戶。有資料顯示，新入行的經紀人，其買賣股票的次數和金額，往往比一般客戶更多更大，而且新經紀人會將他的親戚、朋友、同學、同事等發展成為他的客戶。

公司要把招聘操作流程與開發潛在市場結合起來。這樣，不但招聘的經紀人開拓市場的行銷能力比較強，而且同時還可挖掘一個新的市場。

公司還可將內部員工直接轉型（招聘）為經紀人。將內部多餘員工轉型為經紀人可採取以下辦法：一是在服務流程和公司政策上向一線的轉型人員（經紀人）傾斜，以提高其積極性。二是學習富友證券「分田到戶」模式、西南證券三人小組模式和廣發證券理財顧問模式，以利於內部員工轉型為經紀人。三是明確轉型經紀人的具體任務，至少應包括負責新業務的策劃推廣、新產品銷售、開發並服務好所開發的客戶、參與與業務拓展相關的一切社會活動。

(二) 證券經紀人培訓

（1）課堂式的理論培訓是重點，但更重要的是在實際業務活動中針對市場、客戶服務等具體問題的在崗指導式培訓、日後的系列化強化培訓等。

（2）把培訓課程與客戶開發的實踐交叉進行，利用新開發的客戶產生的收益，沖抵一部分培訓的投入。

（3）針對新培訓的經紀人的流失，可以借鑑一些比較成功的證券公司的做法：一是準備好承擔培訓過的新經紀人跳槽的風險；二是設立「永不再用」的雇傭政策，以打擊把持不定的違約學員，當然，公司必須有對經紀人的強大後臺支持，使跳槽者容易後悔自己的離開；三是制訂有關的利潤分享計劃，作為雇員的經紀人除了可享受佣金分紅外，還可享受純利潤分成。

(三) 經紀人的薪酬體系

1. 成熟而合理的薪酬體系和分配製度

經紀人製度比較成熟的海外證券市場，通常是將固定工資與佣金分紅相結合。這有兩個優點：一是使經紀人在起步階段的最初幾個月內得到一定的固定工資，能夠有一定的收入保障，這可以吸引有潛力的經紀人加入；二是能使經紀人有足夠的壓力與動力去積極開發客戶、服務客戶。過了過渡期後，經紀人就可完全或主要以佣金分紅作為收入了。這一點，在歐美一些國家及中國香港、臺灣地區，尤其是20世紀四五十年代的美林公司做了完美的驗證。但是，券商不願意採取這種形式，因為他們擔心經

紀人在過渡期後仍然沒有建樹而自己白白地支付了幾個月的工資。

2. 實施固定工資與佣金分紅相結合的方法

首先，要使經紀人製度真正成為一種具有核心競爭力的業務模式，必須有一定的前期投資。怎樣減少這種前期投資，只有通過實踐才能發現。

其次，要有相應的高質量的培訓與考核製度。國內也有一些券商採取過這種薪酬和分配形式，但卻沒有相應的培訓與考核製度跟上。對於新入行的經紀人來說，他們各方面都很陌生，缺乏經驗。如果券商不對他們進行培訓，不教給他們一些方法，成功率當然會很低。如果還沒有相應的考核製度，那麼成功率就更低了。

最後，分兩步走，以培育和推進這種薪酬和分配製度。第一步，主要是以固定工資為主，加強培訓和工作量考核。在新經紀人最初的一段工作時間裡（至少3~6個月），可以規定其每周至少要接觸多少客戶，才能取得標準的固定工資，達不到要求的可能要扣錢，而超過的話則可能有獎勵。這樣，對新經紀人來說，最初的業務壓力相對較小，可以有一定的收入保障，從而增加工作的信心。同時，工作量的要求又使新經紀人必須積極地去接觸客戶，避免出現拿錢不做事的情況。第二步，過渡到佣金分紅為主的分配方式，進行自然淘汰。那些有潛力的經紀人會更願意接受分紅的方式，因為這樣他們可以有更大的發展空間。而那些無法繼續開發客戶的經紀人，就會自己選擇離開。

3. 固定工資制可以作為一種激勵的薪酬和行銷策略

由於在以佣金分紅為主的薪酬體系下，經紀人不可避免地會頻繁向客戶推薦熱門資訊和證券，鼓勵客戶頻繁買賣，所以實行經紀人固定工資制，有助於向公眾保證只有在真正符合客戶的最佳利益時，經紀人才向他們推薦證券的買賣並提供投資建議。同時，經紀人的主管通過對經紀人進行定期評估，核定其固定年薪，也可發放年終獎金，以反應他們對公司盈利的整體貢獻。美林在20世紀30~70年代通過採取這種薪酬製度和行銷策略，增加了大量新客戶，創造了壓倒競爭對手的重大競爭優勢。

4. 經紀人的組織結構

為了確保經紀人製度的正常運作，充分發揮經紀人的作用，可設立經紀人管理部。經紀人管理部的主要職責為：負責經紀人的招聘及培訓工作；組織經紀人進產業務拓展活動；負責經紀人的考核、晉升及淘汰工作，維護公司的聲譽。

5. 對經紀人的後臺支持

（1）公司有計劃、有步驟地建立強大、統一的資訊資訊平臺，經紀人每天可以從該資訊平臺獲得相應的資訊、投資計劃和建議等，服務於客戶。

（2）鼓勵有能力的經紀人積極參與諮詢服務的過程，以提升自身的專業服務水準，並讓客戶盡可能得到真正的個性化諮詢服務。

6. 經紀人製度的考核和激勵

證券經紀人是一個非常個性化的產業。依據對國內外經紀人的瞭解與經驗，券商對於經紀人的管理要鬆緊有度，重要的是要能激發個人潛能，發揮團隊作戰精神；要能讓經紀人自動地、最大限度地創造最大效益，使每個經紀人的自我價值得到充分體現，使每個經紀人以在這個團隊裡工作為榮，有成就感、滿足感、歸屬感。

第三節　證券經紀業務

一、證券經紀業務的基本含義

按照《中華人民共和國證券法》，中國境內券商可分為綜合類和經紀類兩類。綜合類券商可以經營證券經紀、自營及承銷和法律允許的其他證券業務。經紀類券商只能經營證券經紀業務。兩類券商的最低註冊資本分別是 5 億元和 5,000 萬元。

證券經紀業務，有時也稱證券代理業務，是指證券公司通過其設立的營業場所和在證券交易所的席位，基於有關法律法規的規定和證券公司與投資者之間的契約，接受投資者的委託，按投資者的合法要求，代理投資者買賣證券的業務。證券公司作為經紀商，其與投資者建立的委託-代理關係具有法律約束力，經紀商只能按客戶的要求買賣證券，不向客戶墊付資金和有價證券，不分享客戶買賣證券的差價，不承擔客戶的價格風險，經紀商以收取一定比例的佣金作為經紀業務收入。證券經紀業務收入主要有交易仲介的手續費收入、保證金利差收入、其他創新業務（如融資融券、代銷金融產品、中間業務等）收入。

二、證券經紀業務要素

（一）委託人

在證券經紀業務中，委託人是指根據國家法律法規，允許進行證券買賣交易並委託他人代理的自然人或法人。允許進行證券買賣的自然人或法人應在證券交易前與證券經紀商簽訂委託協議，如此，委託-代理關係才能成立。中國現行法規規定，不允許參與證券交易的自然人或法人不得成為證券交易的委託人。這類人員主要包括：未成年人；因違反證券法規，經有關機構決定暫停其證券交易資格而期限未滿者；受破產宣告未經復權者。

另外，中國對證券投資者買賣證券還有一些其他限定條件，如證券從業人員、證券業管理人員和國家規定禁止買賣股票的其他人員，不得直接或間接持有、買賣股票，但是買賣經批准發行的國債、基金除外。

（二）證券經紀商

證券經紀商是指為促成他人交易而提供場地、設備、資訊服務、委託代理等仲介服務並以此按交易情況依法獲得佣金的中間商人。證券交易方式的特殊性、交易規則的嚴密性和操作程序的複雜性，決定了廣大投資者不能直接進入證券交易所買賣證券，而只能由經過批准並具備一定條件的證券經紀商進入證券交易所進行交易，投資者則需要委託證券經紀商代理買賣來完成交易過程。因此，證券經紀商是證券市場的中間力量。

(三) 證券交易所

依據國家有關法律，中國經政府證券主管機關批准設立的集中進行證券交易的有形場所有四個：上海證券交易所、深圳證券交易所、香港交易所、臺灣證券交易所。

(四) 證券交易的對象

一般來說，經紀業務的對象就是委託合同中的標的物，即交易雙方權利和義務指向的對象，這個對象可以指交易對象，也可以指委託的事項。因此，證券經紀業務的對象就是證券交易中的委託事項，具體來說，就是買賣某一特定價格的證券。這裡的關鍵是證券的價格和數量，以及是買還是賣。因此，證券經紀業務的對象是特定價格和數量的特定證券。

三、證券經紀關係的確立

證券經紀商是證券交易的仲介，是獨立於買賣雙方的第三者，它與客戶之間不存在從屬或依附的關係。但是，要開展經紀業務，證券經紀商首先必須與某一客戶建立具體的委託-代理關係。在證券經紀業務中，這種委託-代理關係的建立表現為開戶和委託兩個環節。

(一) 經紀關係的確立

1. 開戶

證券交易一般實行帳戶劃轉結算，所以投資者必須開立證券帳戶和資金帳戶，而經紀關係的建立首先表現為開戶。中國現行的做法是股票帳戶由證券交易所所屬中央登記結算公司統一管理，證券商在登記結算公司指定的銀行開立結算帳戶，投資者在證券商處或直接在指定銀行開立資金專用帳戶。證券商為投資者開立資金專用帳戶後，就意味著證券商和投資者之間建立起了委託關係，此時的投資者就成了證券商所謂的客戶，這是接受具體的證券買賣委託之前的必要環節或前提。

2. 委託

投資者辦理了開戶手續後就可以進行證券的買賣交易，但交易過程必須通過經紀商來完成，即交易時必須委託經紀商，這就需要辦理委託手續。通過辦理委託手續，投資者和證券經紀人之間建立起了受法律約束和保護的委託關係，證券交易戶的委託單，實際上相當於委託合同，其不僅具有委託合同應具備的主要內容，而且明確了證券經紀人作為受託人以委託人的名義在委託人授權的範圍內辦理證券交易權限的義務，明確了證券經紀人是委託人進行證券交易代理人的法律身分，從而確立了雙方的經紀關係。目前，證券交易中普遍採用自助委託系統，投資者不用填寫委託單，而是在自助終端上親自下達委託命令，這種委託命令會被記錄，存儲在計算機系統內，對委託命令的執行，系統會反饋給下達指令者確認，因此，確認後的委託指令記錄就相當於委託單，其同樣具有法律效力。

(二) 證券委託人與經紀人的權利和義務

1. 委託人的權利和義務

在證券交易過程中，委託人即客戶必須承擔以下義務：

(1) 誠信義務。客戶在填寫開戶和委託單時，必須如實反應自己的情況與要求，並且如實將相關情況告訴經紀人。

(2) 瞭解市場的義務。客戶進行證券交易時，必須對證券市場相應的規章製度和交易操作方式有一定的瞭解，避免出現不規範或無效的交易行為。

(3) 交存相應資金的義務。客戶在證券交易過程中，必須注意補足交易資金，不得買空、賣空。

(4) 接受交易結果的義務。對於經紀人按照客戶各項要求進行的代理買賣活動，客戶必須接受交易結果，不得反悔。

在證券委託買賣的過程中，委託人享有以下權利：

(1) 客戶可根據自己對證券市場的瞭解和認識，選擇委託買賣價格和委託買賣時間及方式。

(2) 客戶在委託指令發出之後，因為行情變化等原因，在委託有效期內，可以變更或撤銷未成交部分的買賣指令。

(3) 對於經紀人違背客戶委託要求而進行的代理買賣活動結果，客戶可以拒絕接受，並要求經紀人賠償。

2. 經紀人的權利和義務

具體說來，經紀人在證券經紀活動中應承擔的義務有：

(1) 誠信義務。證券經紀人必須如實與客戶簽訂委託協議，不得以任何形式給予客戶某種盈利保證，不得為了獲取更多的佣金收入而鼓勵客戶頻繁交易。

(2) 忠實委託的義務。證券經紀人在接受客戶的買賣委託後，必須忠實地按照委託人的要求在委託有效期內盡快辦理。

(3) 嚴守秘密的義務。證券經紀人對於客戶的一切委託事項和相關資訊負有保密的義務，未經客戶許可不得洩漏。

(4) 券款保護義務。經紀人應負責保護客戶券款，避免造成損失。

證券經紀人享有的權利有：

(1) 證券經紀人對於不符合法律要求的客戶，有權不接受委託。對於已形成證券經紀關係但不符合交易規則要求的客戶，證券經紀人有權拒絕接受。

(2) 證券經紀人在合法如實地完成客戶委託後有權獲取一定比例的佣金收入。

(三) 證券經紀人的業務

不同證券經紀人的業務操作不同，這裡僅就整體證券經紀人一般經紀業務進行研究。接受投資者的委託後，證券交易業務員的業務是滿足投資者的要求，幫助委託人完成證券買賣業務。

證券交易程序要經過六個基本環節，即開戶→委託→成交→清算→交割→過戶。作為證券經紀人，自身業務的開展就是幫助客戶完成這些過程，以滿足其要求。

「委託」和「成交」是證券經紀業務的中心環節，而其他的四個環節是為這兩大環節做準備或作了結的過程。

四、證券經紀業務市場行銷對策研究

（一）提升管道策略

當前證券公司管道行銷模式有以下幾種：一是銀行管道。銀行有大量的純粹存款用戶，其被開發成為股票投資者的潛力極大。二是小區管道或者關係網管道。三是俱樂部管道，即邀請客戶參加俱樂部活動，然後開展行銷。四是網路行銷管道，此管道已從簡單的網上尋找客戶發展到如今成熟的「互聯網金融」模式。

（二）加強產品和服務的開發、升級和轉型

證券公司產品和服務的升級主要從以下七個方面進行。

1. 資產配置管理

採用現代資產組合理論，為不同資產和風險承受能力的投資者提供投資組合的解決方案。

2. 財富管理

財富管理是指為投資者提供一系列的金融服務，增加或保值投資者的利益，將投資風險控制在可承受的範圍內，滿足投資者的需求。國外經紀業務很早就實行了財富管理的經營模式，國內券商目前效仿的居多，但真正做好的不多。財富管理是一種新的服務方式，不同於現在一些公司推行的投資顧問服務。財富管理需要的是專業的財富管理人才，全方位滿足客戶的綜合財富管理需求，能夠為客戶提供各種金融問題解決方案的個性化服務。財富管理可分為生活理財和投資理財。生活理財是指為客戶提供人生財富規劃，滿足客戶生活理財需求，如職業、教育、購房、旅遊、法律援助及家族辦公室服務等，幫助客戶提高生活品質；投資理財指明確客戶的投資目標，幫助客戶進行各類投資品種的配置，並不局限於股票，也可以是債券、保險、股權、藝術品等。兩種理財方式並非涇渭分明，經常有交集。要實現財富管理的目標，證券公司必須有豐富的金融產品和投資水準較高、經驗豐富的投資顧問。證券公司要積極地尋找業務突破，挖掘證券公司已在現有投資者的自身潛力，根據投資者不同的投資風格與風險特徵，以及其多層次的投資需求，在提高產品質量和服務水準方面不斷探索，推陳出新。

3. 收入模式轉型

在收入來源上，證券公司營業部應該改變收入來源單一（主要是傳統經紀業務收入、缺乏專業的增值服務）的狀況。證券公司應盡快從證券交易佣金（通道收費）過渡到證券交易佣金加增值服務收費的模式，鞏固和提升自身的專業能力，並且向各業務的深層領域推進。傳統模式通常以資產和交易量確定佣金率，而轉型後要求以客戶享受服務級別和產生的投資收益來確定。在傳統交易佣金的基礎上，按照服務內容收取一定的費用，逐漸轉向服務收費模式。

4. 代銷金融產品

2012年年底，監管部門放寬了證券公司代銷產品的限制，這對證券公司的業務發展產生了深遠的影響——特別是固定收益類現金管理產品以及可靈活使用的現金管理產品的出現，給市場注入了新的活力。這些金融產品資金使用高度靈活，收益穩定可期，與銀行、信託等金融機構形成互補，滿足了偏愛流動性和風險厭惡型投資者的需求，為這些投資者提供了一個保持流動性和高收益的入口，並對其形成黏性，減緩了近年來因市場低迷，證券市場資金向銀行流動的趨勢。

5. 非現場開戶

目前，監管部門放開了證券公司非現場開戶，投資者不需要到現場而在互聯網上就可完成身分驗證等開戶手續。這種開戶方式由於不分時間、地域，可以讓行銷人員更方便、專注地拓展業務，因此越來越受到證券公司的重視，成了證券公司近期行銷投資者發展經紀業務的有力措施。

6. 拓展經紀業務經營範圍

在監管允許的範圍內拓寬經紀業務的範疇，將經紀通道業務拓展到融資仲介類業務、中小板股份轉讓業務等其他業務，以創新思維尋求通道外的增收途徑。券商要實現成功轉型，就必須關注產業內的創新機會，如債券、集合理財、大宗交易、利率互換、融資融券、股票質押、金融衍生品等業務創新所帶來的機會。這些具有基本仲介特點的業務，正逐漸成為券商新的業務增長點。這實際上就是要求成立綜合業務平臺，拓展經紀業務的業務範圍，而不僅僅只是利用投資者的二級市場通道業務平臺。

7. 重視研發工作，提高投資能力支持

對於券商之間的佣金大戰，最為核心的競爭力還在於券商的投資能力，而不是佣金價格的高低。投資能力強到能給投資者以滿意的投資回報時，實際上投資者是可以忽略佣金水準的高低的。因此，證券公司應重視研發工作，提高投資支持能力。研發部門和投顧人員要明確自身定位，對內為公司業務發展和創新提供研究支持，對外向投資者提供多元化、多層級的研究服務。同時，應推進研究團隊建設，構建研究體系；開展覆蓋金融業的研究，支持區域經濟發展；豐富研發產品行列，形成宏觀策略、產業研究、金融創新三大板塊相互支持的報告體系；完善股票體系，為公司內部投資決策提供支持，提高研究的實用性；拓展研究成果發布管道和宣傳工作，增強市場影響力。

(三) 關注投資者需求，分類管理投資者，建立「大數據」思維

知識、數據、案例、經驗累積是證券公司的寶貴財富，應搭建平臺，提供資源支持。隨著「大數據」時代的來臨，國內證券公司也逐漸開始重視和加強這些基礎工作。傳統的數據庫關注的是過去的東西，而不是你現在所面對的東西，而大數據分析則更多的是探討將來你所要面對的問題，並就此做出分析與預測。證券公司根據已有的知識資源，建立大數據中心，累積和研究投資案例，通過分析投資者的風險偏好、過去的投資情況，為公司的投顧提供策略庫。同時，要加強知識管理，建立獨特的分析工具和模型，從而提高諮詢服務的效率。另外，要高度重視機構投資者，高度重視高淨

值投資者占公司整體投資者的比例。

(四) 證券經紀業務市場行銷的風險控制

證券公司在發展中，不應忽略對風險的控制和管理，要學會從風險管理中取得收益。證券經紀業務市場行銷的風險類別有以下四種：

1. 合規風險

合規風險是指證券公司開展經紀業務時違反監管部門的法律法規、自律組織的有關準則，可能受到監管部門處罰，遭受經濟利益損失或聲譽損失的風險。

2. 操作風險

操作風險是指證券公司因人員濫用職權、詐欺、業務操作失誤、製度流程不完善或執行不到位所造成損失的風險，如在代理買賣證券業務時員工操作失誤、投資者身分識別錯誤、沒有認真檢查投資者證件、行銷人員執業時未出示執業證書、行銷人員違規代理投資者委託、清算對帳不仔細、過程不規範、不及時清算等。

3. 道德風險

道德風險是指證券公司個別職員因私利而惡意造成公司遭受損失的風險。隨著經濟的迅猛發展，違法犯罪案例日漸增多，目前道德風險引發的案例較為頻繁，如蓄意騙取客戶資金、採取詐欺手段簽訂虛假合同等。

4. 技術風險

技術風險是指證券產業所依賴的資訊技術系統由於硬體或軟體故障造成的如交易中斷、行情中斷、交易錯誤等風險。投資者的個人數據或交易數據受到損害、被篡改或者被暴露等也屬於技術風險範疇。技術風險中，高風險、中風險發生後對證券公司的影響較大，需要對其進行重點監控。

第七章 保險經紀人

第一節 保險市場

保險市場是有形的保險交易場所與無形的保險商品交換關係的總和，由保險市場主體、保險市場客體與保險監管者構成。

一、保險市場主體

保險市場的主體由保險市場交易活動的參與者構成，包括保險商品的供給方——保險公司，保險商品的需求方——投保人與被保險人，以及充當保險供需雙方媒介的仲介方——代理人、經紀人、公估人。

（一）保險市場的供給方

在保險市場上，一般由保險公司作為供給方來提供保險商品。由於保險商品涉及人身與財產安全等重要問題，保險公司必須經過國家相關部門的嚴格審核，獲得專門的保險經營業務執照才能營業。一般來說，按照公司組織形式的不同，保險公司可分為國營保險組織、私營保險組織、合作保險組織、專業自保組織和個人保險組織。中國《中華人民共和國保險法》規定，保險公司組織形式只能是國有獨資公司和股份有限公司。

（二）保險市場的需求方

保險市場的需求方是指購買保險商品或對保險商品有潛在購買意願的各類投保人和被保險人。按照不同的標準，可將保險消費者群體劃分為不同的類型，以有利於保險公司設計適銷對路的保險產品。比如，按照保險對象的規模，可將保險對象劃分為個人投保人、團體投保人；按照保險對象的收入水準，可將保險對象劃分為低薪收入的投保人、高薪收入的投保人；按照保險對象的年齡結構，可把保險商品的需求方劃分為青年投保人、中年投保人、老年投保人；按照保險對象的需求效應，可把保險商品的需求方劃分為保障型的投保人、儲蓄型的投保人和投資型的投保人等。

（三）保險市場的仲介方

保險市場的仲介方是指促成保險市場供給方與需求方達成交易的媒介，包括保險代理人或保險代理公司、保險經紀人或保險經紀公司、保險公證人、保險精算事務所等。

二、保險市場的客體

保險市場的客體是指保險市場上供給方和需求方交易的承載物體，即保險商品。它本身是一種無形商品，其質與量的規定性通過保險合同體現出來。保險商品的價格即保險費率，是保險金額與保險費的比率，是保險人向投保人收取保險費的依據。

第二節　保險經紀人

一、保險經紀人的概念

保險經紀人，是指向保險人和投保人提供保險仲介服務，促成保險人和投保人成交，並依法收取佣金的機構或個人。保險經紀人致力於為客戶提供專業化的風險管理服務、投保方案設計服務、投保手續辦理服務等，幫助投保人以最低價格獲得最優承保。一般而言，保險公司與保險經紀人是合同關係，而不存在隸屬關係。

二、保險經紀人的類型

保險經紀人按保險險種分類，主要分為壽險經紀人、財險經紀人和再保險經紀人。

（一）壽險經紀人

壽險經紀人是指在人身保險市場上代表投保人選擇保險人、代辦保險手續並從保險人處收取佣金的中間人。

（二）財險經紀人

財險經紀人是指從事各種財產、利益、責任保險業務，促成保險人與投保人保險合同成立，並從保險人處收取佣金的中間人。

（三）再保險經紀人

再保險經紀人是指促成再保險分出公司與接受公司建立再保險關係的仲介，其在為分出公司爭取較優惠條件的前提下，為分出公司選擇接受公司，並收取由後者支付的佣金。

三、保險經紀人組織

保險經紀人存在三種組織方式，分別是個人制、合夥制與公司制。

（一）個人制

個人制保險經紀人指以個人名義從事保險經紀業務的經紀人。由於存在巨大的風險性，各國都對個人保險經紀人進行嚴格管理，個人保險經紀人均須參加職業責任保險或者繳納營業保險金。英國個人保險經紀人必須繳納最低營運資本預備金和職業責任保險金，日本個人保險經紀人須繳存保證金，或參加保險經紀人賠償責任保險。

(二) 合夥制

合夥制經紀人指以合夥方式設立的保險經紀組織，合夥人本身必須是合格的保險經紀人。

(三) 公司制

公司制經紀人指採取有限責任公司形式成立的保險經紀組織，這是在各國都普遍存在的組織形式。一般來說，各國對保險經紀公司的清償能力都作了具體要求，包括最低資本預備金的要求，繳存營業保證金的要求，以及參加職業責任保險的要求。在中國，保險經紀人不能採取個人制形式，只能採取合夥制與公司制的形式。

四、保險經紀人的經營範圍

保險經紀人的經營範圍一般包括直接保險業務和再保險業務。

直接保險經紀是促成投保人或被保險人與保險公司的交易，代表投保人或者被保險人的利益，提高投保人與保險公司交易匹配的仲介服務；再保險經紀是促成原保險公司與再保險公司的交易，代表原保險公司的利益，向原保險人與再保險人提供分出、分入業務的仲介服務。

依據中國《保險經紀機構管理規定》，保險經紀公司可以兼營直接保險業務與再保險業務。但是，中國不允許保險經紀公司兼營保險代理業務，也不允許保險公司向保險經紀公司投資入股。而英國、美國等國家，對保險經紀人的管制則相對寬鬆，很多保險經紀人同時也是保險代理人。

具體而言，中國保險經紀人業務包括：為投保人擬訂投保方案，選擇保險公司以及辦理投保手續；協助被保險人或者受益人進行索賠；再保險經紀業務；為委託人提供防災、防損或者風險評估、風險管理諮詢服務；中國保監會規定的其他業務。

五、保險經紀人的作用

(一) 實現被保險人的利益

保險市場是資訊極其不對稱的市場。一方面，保險公司對自己設計的保險商品具有完全的資訊，處於資訊優勢地位；另一方面，由於並不具備專業知識與技能，保險消費者很難對國內外市場行情、保險人的資產信用和服務質量、保險產品的性能價格等資訊做出準確的評價，因此處於資訊弱勢地位。在一些並不規範的環境中，保險公司工作人員往往憑藉資訊優勢歪曲保險資訊，誘使投保人簽訂保險合約，使得投保人和被保險人處於不利的境地，損害投保人和被保險人的基本權益。

保險經紀人是投保人的風險管理顧問，具備豐富的保險業務知識和法律知識，為投保人提供專業化的保險仲介服務，保障投保人與被保險人的合法權益。他們的主要業務包括分析保險險種資訊、幫助顧客選定保險險種、監督保險合同履行情況、協助投保人（或被保險人）索賠等。

（二）降低保險過程風險

保險經紀人可有效降低保險人的業務風險。一是進行風險識別。保險經紀人不僅要對客戶面臨的風險進行識別及對標的進行價值評估，還要對保險公司的風險進行識別。在再保險領域，保險經紀人可以幫助分出公司分析其面臨的風險，以確定恰當的自留領域及不同的分保對策。二是進行風險分析和評估，即通過對風險進行量化，區分重要程度，針對保險界定的可保風險和不可保風險，採取不同的風險處理方式。三是進行風險處理，即保險經紀人綜合考慮保險市場的狀況、相關市場狀況和風險管理現狀，提出建議與意見。四是進行理賠談判。保險經紀人會最大化客戶利益，提高索賠效率，保證理賠結果的公正。

（三）促進保險業發展

保險經紀人製度有利於保險公司的健康發展。一是可以刺激保險公司的發展。保險經紀人為消費者提供基於保險公司的全方位仲介諮詢服務，提供包括公司信譽、財務狀況、服務質量、管理水準等技術指標，這將刺激保險公司通過增強自身綜合實力贏得保險經紀人和投保人的信賴。二是可以擴大保險公司的規模。保險經紀人分佈面廣，不受代理網絡的地區限制，有利於保險公司網絡的擴張。三是可以規範保險公司的理賠業務。保險經紀人能夠有效降低保險公司與不具備保險業務知識的客戶因直接談判而產生的時間與精力成本，同時有效避免少賠、多賠情況的發生，提高保險公司理賠效率。四是可以緩解保險公司與被保險人的矛盾。保險公司往往通過擴大保險代理人隊伍來追求更高的市場比例，但職業道德教育工作卻難以同步，致使一些不道德行為頻頻產生。而保險經紀人以維護被保險人的利益為盈利基礎，可有效抑制不道德行為的產生。五是可以促使保險公司專注於核心業務。保險經紀人可促使保險公司把工作重心從單一的推銷保險單來擴大市場比例，轉向對保險品種的創新開發和將保險基金進行合理的投資以獲取更大的利潤增長上來。

六、保險經紀人的義務

保險經紀人在不同的保險經紀活動中，擁有特定的義務與權利，這體現在不同的保險經紀合同中。按照保險經紀行為的特點劃分，保險經紀活動可分為保險居間行為、保險代理行為以及保險諮詢行為三類，從而相應形成保險居間合同、保險委託合同、保險諮詢合同三類合同形式。

（一）保險經紀人在居間合同中的義務

1. 保險居間合同

居間活動是指居間人通過為委託人提供潛在交易對象或簽約對象服務並為此收取報酬的活動。在居間合同中，居間人僅僅是委託人與第三人間的仲介，而不是委託人的代理人，不能代表委託人行使任何權利。保險居間行為是指保險經紀人受投保人的委託，代表投保人的利益，與保險人訂立保險合同並依法收取佣金的法律行為。基於保險居間行為而簽訂的合同就是保險居間合同。在保險居間合同中，有兩點值得注意：

一是保險經紀人僅提供居間服務，即保險經紀人僅提供委託人與保險公司簽訂合約的機會，而不參加保險合同的具體談判。二是保險公司向保險經紀人支付佣金。雖然投保人才是委託人，但是合約的簽訂實質上是為保險公司帶來了業務，使保險公司受益，因此應由保險公司向保險經紀人支付佣金。

2. 義務

（1）忠實義務。必須遵守誠實信用原則，忠實地履行自己的仲介義務，按約定為委託人聯繫、介紹保險人，促成委託人與保險人簽訂保險合同，不得阻撓委託人（投保人或分出人）與保險人（或分出人）的訂約活動，不得損害委託人的合法權益。

（2）如實告知有關保險資訊的義務。保險經紀人應當如實地向委託人告知有關訂立保險合同的事項，不得隱瞞，不得做不實、有誤導性的廣告或宣傳，更不允許進行詐欺活動。

（3）不作為的義務。保險經紀人不得為無訂約能力人、無支付能力人提供訂約機會，如不得為非法成立的保險公司介紹業務。

（4）為委託人保密的義務。保險經紀人應當按照約定為委託人保守商業秘密，以防發生不正當競爭行為。如果投保人要求保險經紀人不得告知保險人其姓名、名稱、商號，則保險經紀人有對投保人姓名、名稱、商號保密的義務。

（5）監督保險合同執行情況的義務。當保險經紀人收到保險單後要對其進行仔細檢查，看其是否反應了客戶要求保險的內容。保險經紀人應該向投保的客戶說明保險的範圍和應遵守的保險條件，提醒保險客戶防範不測事故的發生，協助客戶制訂和實施風險管理計劃。在情況發生變化而可能影響客戶對保險的要求時，保險經紀人有義務通知保險人。

（6）協助索賠的義務。一旦發生保險合同中約定的事故，被保險人通常應首先通知保險經紀人，隨後保險經紀人通知保險人，保險人立即開始調查索賠事件。保險經紀人對事件進行詳細的評估之後，應填寫一些必要的索賠文件，然後提交給保險公司。保險經紀人應該在合法的條件下，為被保險人爭取最大金額的賠償金。

（7）損害賠償的義務。保險經紀人與投保人之間存在合同關係，若保險經紀人未妥善履行合同規定的義務，導致被保險人承擔了不合理的損失、費用，如因保險經紀人的過錯使訂立的保險合同未能較好地保護被保險人的利益，使其在發生保險事故時遭到拒賠、少賠，或致使被保險人支付了過高的保險費等，保險經紀人當屬違反合同，對被保險人的損失承擔相應的賠償責任。

(二) 保險經紀人在委託合同中的義務

1. 保險委託合同

保險委託活動是指保險經紀人為委託方提供投保手續、代辦檢驗、索賠等服務。根據受託內容的不同，委託方可以是投保人、被保險人、受益人，或分出業務中的分出人。據此，保險委託合同是保險經紀人根據委託人（即投保人、被保險人、受益人或分出人）的委託，以委託人的名義代為辦理保險業務的權利義務關係的協議。而保險委託合同與保險居間合同的顯著不同是，保險經紀公司以代理人的名義在委託人授

權範圍內活動，實施的一切代理行為後果都由委託人承擔。另外，保險經紀人可以直接介入合同的具體談判。當然，此時的保險經紀人即為委託人的代理人。

2. 義務

（1）親自代理的義務。保險經紀人作為投保人或者被保險人的代理人，其代理行為完全是基於投保人或者被保險人或者受益人對自己的信任而發生的，因此，保險經紀人應當親自辦理委託事務。只有在兩種情況下可以轉委託：轉委託事項已經取得原委託人的同意；在緊急情況下，保險經紀人為保護委託人利益需要轉委託。

（2）對投保人或者被保險人的利益盡最大注意的義務。保險經紀人的重要職責是運用自己的知識和技能為委託人提供服務，以便最大限度地維護委託人的利益。保險經紀人不能利用經紀活動的機會為自己牟取私利從而損害委託人的利益。

（3）轉移利益的義務。委託人對保險經紀人辦理委託事務的行為承擔法律後果。保險經紀人辦理委託事務取得的財產和權利，應當移交給委託人。如：保險經紀人代投保人簽訂的保險合同，其保險權利、義務歸於投保人；保險經紀人代被保險人或受益人索賠得到的保險金，應及時轉移給委託人；委託人委託保險經紀人代交的保費，保險經紀人應及時轉交給保險人，不得非法挪用或侵占保險費或保險賠款、保險金，否則應當在歸還時支付利息或承擔法律責任。

（4）告知的義務。保險經紀人應當按照委託人的要求，將委託事務的辦理情況及時告知委託人，以使委託人及時瞭解有關事務的進展情況和受益、受損的情況，及時做出新的判斷和意思表示，同時向保險人如實轉告委託人的聲明事項。委託合同終止時，保險經紀人應向委託人報告委託事務的結果。

（5）保密的義務。保險經紀人對自己在進行經紀活動中得知的委託人的商業秘密負有保密義務，不得向他人洩漏或者利用該秘密進行損人利己的行為。

（6）禁止超越代理權範圍的義務。保險經紀人應當在委託人授權範圍內進行活動，不得超越。對需要變更委託人指示的，保險經紀人應當經委託人同意；因情況緊急，並難以和委託人取得聯繫的，受託人應當妥善辦理委託事務，但事後應當將該情況及時告知委託人。保險經紀人因越權給受託人造成損失的，應當賠償損失。

（三）保險經紀人在諮詢合同中的義務

1. 保險諮詢合同

保險諮詢活動是指保險經紀人受委託人（投保人、被保險人、受益人或分出人）的委託，對特定保險項目提供預測、論證或者解答，並由委託人支付諮詢費的行為。據此形成的合同便是保險諮詢合同。諮詢活動包括：為投保人提供防災、防損或風險評估、風險管理諮詢服務；為投保人擬訂投保方案；為被保險人或受益人索賠提供諮詢服務等。

2. 義務

（1）按照委託人的要求提供可行的、有法律依據的諮詢服務的義務。所謂可行的諮詢服務，是指保險經紀人提供的諮詢意見可以在一定程度上解決委託人的疑慮或者有助於受諮詢人自己做出較為全面的判斷。所謂有法律依據的諮詢服務，是指保險經

紀人應根據與委託人的協議約定，提供不違反法律的諮詢意見，以便當委託人根據保險經紀人的諮詢意見實施活動時不會被法律拒絕。保險經紀人提供諮詢服務可以有多種形式，如口頭的簡單分析、書面的諮詢意見書或投保方案等。保險經紀人應在約定的期限內完成諮詢服務項目或傳授解決風險管理與保險技術問題的知識、技能等。

（2）保密的義務。保險經紀人對自己在進行經紀活動中得知的委託人的個人秘密和商業秘密負有保密義務，不得向他人洩漏或者有利用該秘密進行有損於委託人利益的行為。

第三節　保險經紀業務

一、國內外保險經紀業務發展概述

在國際上，現代保險經紀已有百年歷史，保險經紀在一些國家是保險產業的重要組織形式。

（一）英國：擁有最嚴格的保險經紀人製度

英國的保險經紀人製度起源於海上保險。1906年，英國誕生了第一家保險經紀公司，並於1910年被英國政府貿易委員會予以註冊。1977年，英國通過了專門性法律《保險經紀人法》，成立了專門的保險經紀法案機構——英國保險經紀人協會和英國保險經紀人註冊理事會（IBRC）。

英國的保險經濟市場是國際上發育得最好的，保險經紀製度也是最完善和最嚴厲的。目前，英國保險市場上有800多家保險公司，而保險經紀公司超過3,200家，共有保險經紀人員8萬多名，保險市場上60%以上的財險業務是由經紀人帶來的。

英國擁有國際上最嚴格的保險經紀人管理製度，體現在：

（1）設立了專門的監管機構，即保險經紀人註冊理事會，頒布了《經營法》，對保險經紀人的市場進入標準進行嚴格把關，監管保險經紀人的信譽、宣傳及服務。

（2）嚴格的財務管理。《保險經紀人法》規定，保險經紀人要開設獨立的保險經紀人帳戶，且必須繳納保證金，最低金額為25萬英鎊，最高為75萬英鎊。另外，保險經紀人每年要向註冊理事會提交審計過的帳戶及有關證明。

（3）嚴厲的懲罰條例。對於違法者，最嚴厲的懲罰條例便是由註冊理事會將違法者除名，除名後的公司或個人不得再利用保險經紀人名義從事經紀活動。

（二）德國：保險經紀人是個人保險業務的主導性力量

在德國，保險經紀人被稱為被保險人的「同盟者」，其在推動個人保險業務發展方面作用顯著。據統計，在個人保險業務方面，保險經紀人帶來的業務量占整個保險業務的8%，高於銀行代銷（5%）和保險公司直銷（7%）。在工業企業保險業務的銷售上，保險經紀人帶來了50%~60%的業務量，遠遠超過了保險代理人（10%~20%）的業務量。

德國對保險經紀人的管理主要依據《民法》來進行。《民法》規定，保險經紀人在保險經紀活動過程中，因自身過錯造成委託人損失的，應單獨承擔民事法律責任。與其他國家相比，在保險經紀人資質的審核方面，德國並沒有設定相關法規，保險經紀人的市場進入標準門檻相對寬鬆，越來越多的個人和機構以金融顧問、保險顧問或保險諮詢專家的身分進入保險經紀產業。

(三) 美國：主要為財產保險業務服務

美國保險市場是世界上最大的保險市場之一。2011年，全美全部業務的保費收入達12,047億美元，居世界首位。其中，壽險業務保費收入為5,376億美元，非壽險保費收入為6,671億美元。美國保險市場上保險公司眾多，有5,000多家。

在美國，保險經紀人主要為財產保險業務服務，幾乎不介入壽險業務。在財險業務方面，美國的經紀公司多設在大城市，保險經紀人主要業務是招攬大企業或大項目保險業務。經紀人的佣金支付標準根據業務性質的不同而不同。商業火災險的佣金率一般為保費收入的19%，一般商業責任險的比率為18%，汽車險為16%，勞動力補償險為10%左右，這些比率通過雙方的討價還價還可以有所浮動。

雖然保險經紀人在美國市場上的作用不是十分突出，但有關部門對保險經紀人的監管仍相當嚴格。除了有聯邦政府和各州的立法規範外，政府還在各地區委派了許多保險特派員，他們有權對違規的保險經紀人發出警告、進行罰款、責令暫停營業甚至吊銷其營業執照。

(四) 日本：實施保險經紀人登記製度

1996年4月，新的保險法開始實施後，日本才開始引入保險經紀人這一形式。與其他國家不同的是，日本引進經紀人製度採用的是登記制而非執照制，即保險經紀人要進入市場，只需登記註冊便可。當然，經紀人仍需繳納規定數額的保險金，超過最低保證金的部分由經紀人投保賠償責任保險。日本保險經紀人主要依託公司外勤職員和代理店，非壽險90%以上的業務由代理店來招攬。

(五) 中國：保險經紀發展任重而道遠

中國保險經紀業起步較晚，但發展迅速，大致可劃分為三個階段：

(1) 起步階段 (1990—1999年)。此階段，保險經紀、風險管理、保險經紀人這些概念初步被引入中國保險市場。1993年，中國成立了第一家保險經紀投資公司——華泰保險諮詢服務公司（華泰保險經紀公司的前身）。同年，第一家外國保險和風險管理諮詢業務公司——塞奇維克保險與風險管理諮詢 (中國) 有限公司，在北京市被批准成立。

(2) 探索發展階段 (2000—2002年)。這個時期，保險經紀市場需求高漲，中國對保險經紀業採取審慎的態度，中國保監會採取分批次的集中審批方式來發展經紀公司。2000年，中國批准了3家，2001年批准了4家，2002年批准了6家，逐步搭建起保險經紀公司的管理製度框架。

(3) 迅速發展階段 (2003年至今)。此階段，中國實施市場化道路的進程加快，

保監會明確了保險仲介在保險資源配置中的基礎性作用，加大了保險市場監管，建立起市場化標準進入和退出機制，促進了中國保險市場的迅速發展。

目前，中國保險經紀業雖處於迅速發展階段，但仍然受到諸多因素的制約，發展水準仍然較低。具體體現在以下幾方面：

（1）保險經紀市場認知度不高。在中國，消費者對保險經紀的認知有限，很多消費者甚至不知道存在保險經紀這個產業，保險購銷一般通過單一的、保險公司與消費者直接聯繫的方式進行。同時，保險公司對保險經紀公司存在一定程度的誤解，誤把保險經紀公司當作競爭對手看待，因此更多地採取競爭而不是合作。這些都極大地阻礙了保險經紀公司在中國的發展。

（2）業務規模低、經營層次低。在西方發達國家，通過保險經紀業務完成的保費收入占全部保費收入的比率約為 60%～80%，而在中國，該比率在 2000 年僅為 0.16%，直到 2012 年底才增長為 2.72%，並且多年來始終徘徊在 2% 左右，遠低於西方發達國家水準。另外，中國保險經紀市場呈現出經營層次低的特點。由於起步晚，保險經紀產業非常缺乏富有保險經紀從業經驗的人員。由於規模小，福利待遇低，保險經紀產業難以吸引優秀的人才。保險經紀產業利潤水準低，導致各家保險經紀公司業務重心都放在搶占市場上，忽略了對專業技術人員素質的培育。這些因素造成保險經紀產業無法開展技術水準高、專業性強的業務與各種價值增值服務。

（3）組織結構不健全、專業人才不穩定。中國保險經紀公司規模普遍較小，導致組織機構不健全、不完善，甚至有的公司領導都只是兼職，發展意識淡漠。有的公司的董事會形同虛設，經營負責人的經營思路模糊，法治觀念淡薄，公司內部業務嚴重缺乏權力的制約管理機制，內部的控制相當混亂。另外，受制於利潤低、福利待遇水準低等，中國保險經紀人才很容易被外國保險經紀公司與本國保險機構高薪挖角，專業人才的頻繁更換，不利於經紀公司的健康、穩定發展。

二、保險經紀業務內容

保險經紀人的經營業務主要包括以下四個方面。

（一）風險管理

保險經紀人的核心業務就是風險管理，這是保險代理活動的基礎性工作。保險代理人代表客戶利益，為其全面識別、評估和管理風險，通過風險自留、風險迴避、風險控制、風險分離、風險集合、風險轉移等方法，確保客戶用最小的成本獲得最大的風險保障。保險經紀人會在綜合評價保險公司的服務水準、保障範圍、承保能力、資訊網路、理賠速度、技術能力、價格費率、投資收益等基礎上，為客戶選擇信譽良好、服務周到、價格合理、保障充分的保險公司。

（二）保險採購

1. 直接保險採購服務

直接保險採購服務的主要內容包括：

（1）協助投保。協助投保的具體業務程序有：一是設計製作保險方案。保險方案

最終須得到客戶確認。二是業務詢價。該程序一般要求兩家以上保險公司參與，採用書面形式商議承保條件、佣金、客戶服務計劃等內容。三是協助客戶投保。該程序包括代填投保單、代收、檢查保單、督促客戶及時繳費。四是保費和佣金的結算。

（2）保險期內服務。保險經紀人在客戶保險期內，可以通過舉辦諮詢、培訓、研討等活動來提高客戶的風險管理水準，還可以和客戶一起做定期風險回顧，發現問題並及時糾正。

2. 再保險採購服務

再保險經紀人的主要業務包括協助客戶的承保人安排再保險業務，幫助承保人尋找分保管道，在國內、國際再保市場尋找合適的再保接受公司，並向分出及接受公司提供資料及分析，提供合同管理、續轉、修改、終止等服務。目前國內保險經紀公司的再保險業務部具體經營的品種主要包括財產險、建築安裝工程險、責任和保證保險、船舶和貨物運輸險、飛機保險等各險種的臨時分保服務，以及提供合同分保方面的專業技術服務，尤其是安排巨型項目分保的市場管道以及詢價業務等。

（三）代理索賠

保險經紀人在客戶出險後應盡快通知保險人，取得初步處理意見並立案記錄，如有必要應立即趕赴現場，協助客戶減少損失。保險經紀人可向客戶提出專業建議，協助客戶準備相關索賠資料，協調事故責任認定和最終賠償結果的達成，如有需要可代客戶從保險人處收取賠款，如遇重大賠案還可參與保險人及公估人的談判等。索賠結束後，如有追償問題，保險經紀人可會同客戶協助保險公司行使代議追償權，具體業務流程包括：報案登記或接受委託；現場勘查；提出索賠建議；協助客戶準備索賠資料；與保險公司協商賠付事宜；通過第三方協助索賠；結案；歸檔。

（四）保險經紀增值

對有特殊需求的客戶，保險經紀人可以提供風險轉讓、轉包、出租、擔保和項目融資，建立健全索賠機制，編制應急計劃，建立設備及車輛管理系統，以及應用金融工程技術，利用資本市場轉移風險等服務。

第八章　技術經紀人

第一節　技術市場

一、技術商品

技術商品是指用來交換、滿足人們某種需要的技術勞動產品。

(一) 技術商品分類

技術商品的分類方法有很多，最適用的方法有以下兩種：

1. 按技術商品的特徵分類

按技術商品的特徵，技術商品可分為三類：一是「硬體」技術商品，指以實物形態出現的包含新技術的先進設備；二是「軟體」技術商品，指以知識形態出現的新技術說明書、圖紙等；三是「服務」技術商品，指以勞務形態出現的技術安裝、技術操作、人員培訓等。

2. 按技術商品的壟斷程度分類

按技術商品的壟斷程度，技術商品可分為兩類：一是專利技術商品，指申請並獲得專利權的技術商品。技術商品的專利權屬於知識產權，它具有排他性、地域性和時間性；二是專有技術商品，指沒有獲得專利但需要保密的技術知識、經驗和技能。專有技術和專利技術的相似之處是都擁有技術商品的所有權，其不同之處在於：專利技術是取得法律保護的公開技術；專有技術則是未取得法律保護的非公開性技術，其所有人依據技術上的保密享有實際的獨占權。

(二) 技術商品的主要特徵

1. 商品形態的無形性

技術是人們智力勞動的產品，技術實質上是一種技能、訣竅、技巧和知識，不像一般商品以物質形態存在。技術商品的這種特徵，使人們很難對技術商品的質量進行量化，而只能採取定性分析或旁證說明。

2. 商品價格的不確定性

就一般商品而言，商品的價格與其價值成正比，在價格上都能進行量化。但技術商品則不然，其價值與價格往往背離。某些研究開發成本很高的技術商品由於鮮為人知或使用價值不高，難以賣出高價；而有些技術商品固有價值雖然不高，但由於市場急需或使用面廣，售價可能不低。由此可見，決定技術商品價格高低的首位因素不是

商品本身的價值，而是取決於技術商品被社會應用後所產生的社會效益和經濟效益，這便是人們通常所述的「轉化價值」。因此，在確定技術商品的價格時，人們需要經過買賣雙方艱苦的討價還價方能確定，這也就是人們通常所說的「議價」原則。

3. 品種、數量的單一性

一般商品多是重複性、批量性生產的。不僅一個企業可以大批量地生產一種或若干種產品，其他企業也可大批量生產同樣的產品。但技術商品的生產則不是這樣。如果某項技術商品問世，極少有人再去重複研究開發該項技術商品。至於像專利技術這種技術商品，則是「舉世無雙」。因此，在選擇技術商品時，往往很難真正做到「貨比三家」，通常只能通過市場調查，對所購技術商品進行經濟技術可行性分析研究，或者通過對相似的技術商品進行比較鑑定，好中取優。

4. 商品壽命的無形磨損性

任何商品都具有市場壽命和使用壽命，而壽命週期則取決於商品的有形磨損或無形磨損。所謂有形磨損是指商品在正常使用條件下經過一定時期不能繼續使用了。而無形磨損則是指由於商品更新，原來的商品已不再受到市場歡迎而被淘汰。技術商品是一種知識形態的商品，它只存在無形磨損，即由於技術的進步，某種技術商品被更先進的技術商品所取代。可見，技術進步的速度愈快，技術商品的無形磨損愈快，技術商品的壽命也就愈短。因此，一項技術商品推出後，必須十分注意行銷策略，盡快實現市場銷售，使該項技術商品在有限的市場壽命週期內取得盡可能多的經濟效益和社會效益。

5. 商品交易中的技能傳授性

一般商品的交易是「一手交錢，一手交貨」，錢貨兩清，交易即告完成。然而，技術商品的交易則沒有這麼簡單。一項技術交易的完成不僅要求「錢貨兩清」，而且要求技術使用方掌握所購技術的全部內容。因此，技術商品的持有方必須教會使用者如何掌握該項技術，也就是說，技術的持有者必須對技術的使用者進行技術傳授。

技術持有者在出讓自己的技術以後，除獨占許可以外，並沒有失去該項技術，技術依然保留在自己的腦海、圖紙、資料或凝固在樣品、樣機上。可見，在技術商品的交易中，技術買方買到的只是技術商品的使用權而非佔有權，技術持有方仍可向他人轉讓同一項技術商品──這和物質形態的商品交易大相徑庭。因為在物質商品交易中，商品賣方把商品售出後，他便失去了對所售商品的佔有權，而商品買方則不僅取得了所購商品的使用權，同時也取得了佔有權。

二、技術市場

(一) 技術市場的含義

技術市場有廣義和狹義之分。狹義的技術市場，是指技術商品交換的場所。它有一定的時間和空間的限制，如技術交易會、技術商店等。廣義的技術市場，是指將技術成果作為商品進行交易，並使之變為直接生產力的交換關係的總和。它包括從技術商品的開發到技術商品的應用和流通的全過程。技術市場是中國社會主義市場體系的

有機組成部分，是當前中國重點培育的一個生產要素市場。在技術市場中，人們除了應遵守一般的市場規則外，還應遵循知識形態商品交換的特殊規則，這就是《中華人民共和國技術合同法》，它是中國技術市場的基本準則。

(二) 技術市場的經營方式和範圍

1. 技術開發

技術開發是指由掌握技術的一方受另一方的委託，就某種技術項目進行研究、設計、試製、應用推廣等活動的經營業務。

2. 技術轉讓

技術轉讓是指技術成果由一方轉讓給另一方的經營方式。轉讓的技術包括獲得專利權的技術、商標，以及非專利技術，如專有技術、傳統技藝生物品種、管理方法等。

3. 技術承包

技術承包是指一方根據另一方的要求，通過合同的形式，對某一工程技術項目的研究、開發、設計、生產、應用全面負責。一般情況下，技術承包含有大量非技術性內容，如採購、運輸、輔助勞力等。

4. 技術諮詢

技術諮詢是指掌握技術和知識的一方受另一方的委託，提供各種可供選擇的決策依據的一種智力服務形式。技術諮詢的內容主要包括政策諮詢、管理諮詢、工程諮詢等。

5. 技術服務

技術服務是指擁有技術的一方為另一方解決某一特定技術問題所提供的各種服務，如進行非常規性的計算、設計、測量、分析、安裝、調試，以及提供技術資訊、改進工藝流程、進行技術診斷等。

6. 技術仲介

技術仲介是指為技術商品的供需雙方提供中間服務的經營方式。其主要內容是提供資訊、組織洽談，或提供其他的輔助服務。

7. 技術培訓

技術培訓是指一方為另一方提供某種知識或技能培訓的經營活動。職業上崗培訓和繼續工程教育等一般成人教育，不能被納入技術市場的經營範圍。

8. 技術入股

技術入股是指一方以技術作為投資與另一方合作，共同組成經濟實體的技術交易形式。

第二節　技術經紀人

技術經紀人是指在技術市場中，以促進成果轉化為目的，為促成他人技術交易而從事仲介居間、行紀或代理等，並取得合理佣金的經紀業務的自然人、法人和其他組

織。技術經紀人具體包括技術經紀人事務所、技術經紀人公司、個體技術經紀人員、兼營技術經紀的其他組織。技術經紀的從業人員應當經過培訓考核取得由省市科學行政管理部門和工商行政管理部門頒發的從業資格證書。目前，上海市的技術經紀人走在了全國前列，已經形成了技術經紀人的考核培養製度、管理製度和技術經紀人賴以生存的技術產權交易市場。

隨著中國市場經濟體制的建立和不斷完善，技術市場也有了突飛猛進的發展。技術經紀人作為技術市場主體要素之一，其作用和重要性已越來越為人們所重視。在資訊交流、技術評估、諮詢服務、仲介協調、資金融通等職能的作用下，技術經紀人能有效地激發技術市場的潛在需求，促使生產部門主動地向科研部門提出新需求、新課題，也促使科研部門主動地為生產部門排憂解難，不斷根據社會需要推出新的科技成果。技術經紀人，在產學研之間、在科技成果與技術轉移之間，架起了一座橋樑，加速了科技成果商品化和向現實生產力轉化的進程，有力地促進了產學研的有機結合和社會的可持續發展，其作用是其他組織機構所不能替代的。

一些發達國家的經驗表明，技術經紀服務機構是促進科技成果商業化和技術創新的重要工具。在美、德、英、法、日等發達國家，政府對技術經紀組織、機構的發展都極為重視，制定了一系列的政策、法律來保障和促進其發展。早期，歐盟還對技術經紀機構實行資助政策。正是由於政府的積極推進，這些國家逐步建立起一個種類龐大的技術經紀服務體系，促進了技術市場的高速發展。

一、技術經紀人的類型

根據不同的分類標準，技術經紀人可以區分為不同的類型。

1. 專利技術經紀人

專利技術的交易是指受到國家保護的公開技術向社會的轉讓。技術經紀人的職責是為賣方尋找買方，因而技術經紀人必須對該項專利的技術前景、市場潛力以及可供選擇的技術受讓方進行調查研究，並有針對性地進行有效的宣傳和聯繫。

2. 專有技術經紀人

國際上一般把非專利技術稱為「專有技術」。它一般是某種技術秘密，其財產價值只有使用權和轉讓權，而沒有法律意義上的「所有權」屬性。技術經紀人在介紹這類技術時，既要使受讓方瞭解此技術的市場前景，又要幫委託人保守其技術秘密。

3. 技術開發專案交易中的經紀人

技術開發是一種獲取新技術的創新工作，具有較大的技術風險。技術經紀人開始應把重點放在可行性研究和專案諮詢方面。在專案進行過程中，技術經紀人應根據委託開發和合作開發的法律特徵和實際情況，注意技術成果的分配問題。

4. 技貿結合交易的經紀人

技貿結合交易是技術交易中最常見的一種形式。這類交易一般較複雜，技術經紀人應著重研究賣方動機和買方動機，並以此幫助買方或賣方確定交易中的各種策略。

5. 技術招標與投標中的經紀人

技術招標是技術賣方競爭的賽場，除了實力的較量外，策略的運用也十分重要。

技術經紀人主要通過各種合法的手段，獲取相關的資訊，為投標方或招標方制定招標和投標策略。

6. 技術服務的經紀人

技術服務量大、面廣，技術經紀人主要是在眾多的服務方和委託方中為賣方拓寬服務領域，為買方物色理想的服務者。

7. 國際技術合作中的經紀人

國際技術合作的特點是技術和經濟合作通常融為一體，同時又是不同發達程度、不同民族文化的國家和地區之間進行交易。技術經紀人要在熟練運用國際商法和商業界慣例的同時，善於為國內的委託者選擇理想的交易夥伴和有效的交易項目，降低盲目性。

二、中國技術經紀人的現狀與發展條件

(一) 技術經紀人的現狀

有關資料統計顯示，目前中國每年有 3 萬項通過鑑定的科技成果，但能轉化為批量生產的僅占 20%，能形成產業規模的只有 5%，而西方發達國家的科技成果轉化率一般在 60%～80%之間。就整體情況而言，中國的技術經紀業仍處於初級階段，全國具有執業資格的技術經紀人數量非常有限。技術市場主體之一的仲介方——技術經紀人的嚴重缺位，使技術商品的流向缺乏調控和引導力，形成了科技成果供、需方轉化資訊不暢通的「瓶頸」問題。市場對技術經紀人求賢若渴，技術經紀人已經成為一種不可多得的熱門職業。技術經紀人靠收取佣金盈利，收入不穩定，屬於「一年不開張，開張吃一年」的那一類。技術經紀公司的利潤，往往比承擔技術開發的企業業務總收入還高，有些甚至高出幾倍。佣金提取比例由技術經紀人和客戶協商，各地區、各產業不完全一樣，一般為 3%～5%。

中國技術市場處於初級階段，技術經紀人的隊伍也比較年輕，總體上有以下特點：

(1) 科技人員和機關幹部出身的較多。這類人對於科研或教學工作比較熟悉，有較高的科學文化水準和一定的專業知識，但金融、法律、財經、企業管理、商品流通等專業知識較少。

(2) 兼職的多，專職的少，真正站在「海」裡以技術經紀為主業的更少。從事技術經紀的人員，原有的職務、職稱、工資待遇和人事管理辦法並沒有變化，原有的教授、工程師、政府官員身分並沒有改變。民營技術貿易機構的有關人員以技術開發和轉讓本單位成果為主業，而技術仲介則為副業。少量的技術交易使技術經紀人同時從事多種職業，無法全身心地投入仲介工作，降低了技術成果的交易質量。

(3) 從事初級、單一的仲介業務較多，參與系統深入的業務較少。技術經紀人由於其業務水準和資源管道的限制，不能參與到技術交易的深層活動當中，往往只是牽線搭橋、提供資訊，很難完成協調、組織、經營等全過程的仲介服務。所以，目前技術市場上的技術經紀活動以簡單仲介為多。技術經紀人活動的空間比較狹窄，真正從頭至尾參與技術轉移全過程的不多，有的技術經紀人長期從事單一業務。例如，北京

有「職業」專案發表人1,000多名。他們是各科研院所、高等院校開發辦的成員，常年參加北京和全國的各種技術成果交易會，主要任務是發布本單位的技術資訊，平均每人每年參加各種發布會20~50次。他們的促銷、洽談能力很強，但多數人的業務職責只到簽訂「意向書」為止，對於深入洽談、簽訂合同以及合同實施、專案建設等深層的工作則很少參與。

（4）業務管道和經濟來源不暢通，技術經紀人的地位和作用並沒有獲得普遍承認。由於目前技術經紀人業務管道和個人信譽沒有完全建立起來，其社會影響力和知名度還沒有得到普遍承認，業務的開展受到了直接影響，因而技術經紀人的報酬比較低，沒有和他們付出的勞動以及創造的社會價值直接掛勾。與其他產業的經紀人進行橫向比較，技術經紀人的生意比較清淡，業務收入較少。

（5）技術經紀市場缺乏完善的法規調控體系和保障體系，個別技術經紀人缺乏職業素養和專業技能，影響了技術經紀人隊伍的整體聲譽。

(二) 技術經紀人的發展條件

技術經紀機構和技術經紀人的生存和發展必須滿足以下三個條件：

（1）高於主體，強於主體。技術經紀人在促進和實現技術成果轉移的活動中，要有一個或多個方面強於技術買賣雙方，成為他們必須求助和依賴的對象，以不可替代的作用獲得存在的理由。

（2）技術全面，全程參與。技術經紀人只有積極參與技術轉移的全過程，突破牽線搭橋的簡單仲介水準，在技術交易的各個環節中都發揮重要作用，才能避免深入發展時被淘汰出局。

（3）進主管道，做大項目。中小型項目由於規模小、經濟效益有限，專職的技術經紀人發揮作用的空間小，所取得的經濟回報也相應較少。只有在國民經濟建設的主戰場，或影響某地區、某產業經濟發展的關鍵項目中，技術經紀人才有可能發揮應有的作用，獲得較高的社會地位和豐厚的經濟收入。

第三節　技術經紀業務

一、技術經紀人在業務活動中應注意的問題

(一) 所仲介的新技術、新產品是否有價值

在技術經紀活動中，經紀人的目的是使新技術、新產品從實驗室轉化到生產企業，在新技術、新產品的推廣中使供需雙方都得到效益。這就要求經紀人必須是通曉某類科技產品的專業人才，是專家經紀人。這類經紀人必須懂得該項科技成果的有關知識，如其設計是否合理、技術是否領先、能否適銷、能否給生產者帶來經濟效益。只有深刻地瞭解該技術、產品的開發價值，經紀人才能做好仲介服務。

(二) 所仲介的科技成果是否有侵權行為

科技經紀人在仲介科技成果時應首先確認該項科技成果所有權的歸屬問題，尤其應注意該技術成果是發明人在工作崗位上的創造還是業餘時間獨立研究的結果，以免因仲介了有侵權行為的科技成果而發生經濟糾紛。

(三) 仲介行為是否符合技術合同的有關法規

在科技成果轉讓中，簽訂技術合同是實現科技成果轉化為生產力，實現價值的有效法律保證。因此，經紀人不僅要懂得技術合同法，還要向供需雙方宣傳技術合同的有關法規，幫助雙方嚴格按照合同法的規定簽訂技術轉讓、技術交易合同。對獲得專利的科技發明成果，經紀人要嚴格按專利法辦事，保護專利獲得者的合法權益。

(四) 所仲介的科技成果是否符合國家有關政策

凡國家規定不能公開轉讓的尖端技術、基礎科學研究成果，經紀人必須自覺地不進行這類科技成果的仲介活動。對於破壞植被、污染環境、違反對外政策的科技轉讓，經紀人也不能參與。

二、技術經紀人的業務範圍

技術經紀人在技術交易市場中發揮著越來越重要的作用。隨著技術經紀人隊伍的壯大，技術經紀的業務範圍也越來越廣泛，概括起來主要包括以下七個方面的內容：

(一) 收集、傳遞科技資訊

一個技術經紀人要想很好地完成其職能，關鍵是要善於獲取資訊、篩選資訊、存儲資訊和利用資訊。因此，技術經紀人應首先從收集和傳遞技術市場資訊開始開展經紀業務，這是技術經紀活動之本。在掌握廣泛資訊的基礎上，技術經紀人還要對市場的供需狀況進行調查、分析、預測，通過多種管道、採用多種形式把資訊定期或不定期地傳遞給有關科研院所和工礦企業。

(二) 為用戶提供諮詢服務

技術經紀人可憑藉自己的專業知識、經驗、能力和掌握的資訊，通過調查研究、分析評價和預測，以居間、代理或經紀的身分為技術交易雙方提供包括：法律諮詢、市場諮詢、技術資訊諮詢、決策諮詢以及技術工程諮詢等在內的各種諮詢服務。

(三) 為買賣雙方尋找和選擇交易夥伴

在科技成果的轉讓過程中，交易買賣雙方的尋找和選擇是至關重要的。這不僅關係到科技成果能否迅速地轉讓出去，還關係到科技成果能否得到合理的開發、應用並產生經濟效益，這是交易雙方最感棘手也最需要得到幫助的工作。技術經紀人可受當事人的委託，以代理或市場主體的身分為當事人尋求理想的交易對象。

(四) 綜合評價所轉讓的技術成果

技術經紀人要對所轉讓的技術成果進行綜合評價，包括可靠性、成熟性、配套性、

先進性、市場獲利能力、獲利年限等方面的評價，為交易雙方談判提供一個合理的參考價格，使買賣雙方心中有數。同時，技術經紀人還要瞭解買方的技術能力、資金水準和管理水準，從而判斷買方能否實施該技術，並幫助其進行可行性分析。

(五) 參與買賣雙方的交易過程

技術經紀人除了提供資訊諮詢等方面的服務外，還要為交易雙方的談判、簽約等過程提供仲介服務。這類仲介服務主要包括：介紹交易雙方見面交談；在談判過程中為交易雙方疏通障礙、調解分歧、協商價格、促進成交；幫助雙方簽訂條款清晰、權責分明的技術轉讓合同；監督雙方履行各自義務，調解合同執行過程中的分歧，參與糾紛的仲裁，在訴諸法律時出庭作證。

(六) 組織技術成果的二次開發

技術成果的二次開發主要是指對技術研究成果的再加工、再處理，以提高技術成果的成熟性、配套性和適用性，促進技術成果的轉讓。在一些技術成果的轉讓中，經紀人要根據需要把單項技術集結、配套、使之系統化；把綜合的技術成果分成若干獨立的部分，向有需求的買方推銷；有條件的還要參與技術成果的中間試驗、小批量試製、開發工作，做技術成果的育成中心。

(七) 進行風險投資，把資金融通和技術經營結合起來

資金在科技成果的轉化過程中發揮著重要作用。一項成果從研製到中試，再到試生產，經費的大體比例為 1：10：100，如此大的投入，對於大多數科研單位和生產企業來說都是難以承受的，因此，中試階段的資金瓶頸嚴重地阻礙著科技成果的轉化。經紀人可以通過各種方式吸引資金，把資金融通和技術經營結合起來。

第九章 資訊經紀人

資訊時代，資訊量增長的速度及資訊本身的內涵都是人們始料不及的，人們在面對各種管道傳來的大量資訊而欣喜若狂的同時，也感到無所適從。面對資訊時代漫天飛舞的資訊，面對資訊商品供需的迫切要求，資訊經紀人應運而生。

在經紀活動中，專門從事資訊仲介，為資訊接收方提供資訊服務，收取佣金的公民、法人和其他經紀組織便是資訊經紀人。

資訊經紀人是資訊產業中的「潤滑劑」，是促進資訊消費的重要力量。資訊消費每增加100億元，可以拉動經濟增長300億元，是擴大內需、增強綜合國力的重要動力。2013年，中國資訊消費規模達到2.2兆元，預計到2015年，中國的資訊消費規模將達到3.2兆元。國家已把促進資訊消費作為國家經濟發展戰略的重要組成部分。

第一節 資訊市場

一、資訊概述

日常用語中，資訊即是音信、消息。作為社會概念，資訊可以理解為人類共享的一切知識，或社會發展趨勢以及從客觀現象中提煉出來的各種消息之和。

1. 資訊的特性

（1）可識別性。資訊是可以識別的，對資訊的識別又可分為直接識別和間接識別。直接識別是指通過人的感官（聽覺、嗅覺、視覺等）進行的識別；間接識別是指通過各種測試手段來識別，如使用溫度計來識別溫度、使用試紙來識別酸鹼度等。不同的資訊源有不同的識別方法。

（2）傳載性。資訊本身只是一些抽象符號，如果不借助於媒介載體，人們是無法接受資訊的。一方面，資訊的傳遞必須借助於語言、文字、圖像、膠卷、磁碟、聲波、電波、光波等物質形式的承載媒介才能表現出來，才能被人所接受，並按照既定目標進行處理和存貯；另一方面，資訊借助媒介的傳遞又是不受時間和空間限制的，這意味著人們能夠突破時間和空間的限制，對不同地域、不同時間的資訊加以選擇，增加利用資訊的可能性。

（3）不滅性。不滅性是資訊最特殊的一點，即資訊並不會因為被使用而消失。資訊是可以被廣泛使用、多重使用的，這也導致其傳播的廣泛性。當然資訊的載體可能在使用中被磨損而逐漸失效，但資訊本身並不因此而消失，可以被大量複製、長期保

存、重複使用。

（4）共享性。資訊作為一種資源，不同個體或群體在同一時間或不同時間可以共同享用，這是資訊與物質的顯著區別。資訊交流與實物交流有本質的區別：實物交流，一方有所得，另一方秘有所失；而資訊交流不會因一方擁有而使另一方失去擁有的可能，也不會因使用次數的累加而損耗資訊的內容。資訊可共享的特點，使資訊資源能夠發揮最大的效用。

（5）時效性。資訊是對事物存在方式和運動狀態的反應，如果不能反應事物的最新變化狀態，它的效用就會降低。也就是說資訊一經生成，其反應的內容越新，價值越大；時間延長，價值隨之減小。一旦資訊的內容被人們瞭解了，價值就消失了。資訊使用價值還取決於使用者的需求及其對資訊的理解、認識和利用的能力。

（6）能動性。資訊的產生、存在和流通，依賴於物質和能量，沒有物質和能量就沒有資訊。但資訊在與物質、能量的關係中並非是消極、被動的。它具有巨大的能動作用，可以控制或支配物質和能量的流動，並對改變其價值產生影響。

2. 資訊的分類

資訊可以從不同角度來分類。

（1）按照資訊重要性程度可分為戰略資訊、戰術資訊和作業資訊。

（2）按照資訊應用領域可分為管理資訊、社會資訊、科技資訊和軍事資訊。

（3）按照資訊的加工順序可分為一次資訊、二次資訊和三次資訊等。

（4）按照資訊的反應形式可分為數字資訊、圖像資訊和聲音資訊等。

（5）按照資訊性質可分為定性資訊和定量資訊。

二、資訊市場

資訊市場有狹義和廣義之分。前者是指資訊產品的供需雙方按照一定的條件和方式進行資訊商品交易的場所；後者是指資訊商品流通領域裡各種經濟關係的總和，是一種廣義的、抽象的市場。中國的資訊市場，主要是指在經濟資訊、技術資訊、社會文化資訊等各種資訊業務中，通過各種形式把客觀上有需求、主觀上有可能提供的資訊作為商品提供給用戶，從而完成資訊交換的場所。

1. 資訊市場的特徵

（1）資訊市場覆蓋於一般市場之上，滲透於一般市場之中。各種市場，從一般的物質商品市場到技術市場、資金市場、金融市場、人才市場等，都越來越依賴用資訊交流和傳遞，依賴以計算機為核心的現代資訊技術。資訊市場覆蓋於其他市場之上，制約著市場的各種經濟關係。

（2）資訊商品交換關係的複雜性。資訊交易是一項複雜的活動，尤其是一些高層次的資訊服務（科技諮詢、成果論證、市場預測）往往要經過供需雙方多次洽談、調研、論證、技術培訓，所以，供需雙方需要通力合作，建立長期的協作關係。資訊經營者應該以良好的服務取得用戶的信任，在價格上可採用先服務後收費的辦法，建立信譽。資訊使用者在消化吸收資訊後，再生產、再創造出更大經濟效益時，也應考慮經營者的合理收入。

（3）資訊商品交易方式的多樣性。資訊商品是一種知識商品，必須以物質手段作為載體來存貯、傳遞和表現。資訊的載體有三種類型：①軟載體。軟載體是指能夠將資訊顯示出來的文件、圖紙、記錄等；②硬載體。硬載體是指能夠傳遞資訊的樣品等實物；③活載體。即資訊作為知識儲存於專業人員的頭腦中，通過諮詢等手段進行傳遞。由於資訊的載體不同、傳遞方式不同，資訊交易方式也具有多樣性。

（4）交易價格的多變性。由於人為因素，資訊收集和整理的成本費用差別較大。效用相同的資訊因供給者不同而包含的社會勞動量差別很大，所以，資訊市場的價格具有很大的彈性。

2. 資訊市場分類

資訊市場主要劃分為資訊諮詢、資訊服務、資訊資料有償轉讓、資訊軟體開發、計算機語言程式設計、資訊週轉等。從不同的角度，資訊市場可以劃分為不同的類型。

（1）按市場的組織形式，資訊市場可以劃分為：
①集中交易型資訊市場（有固定的機構和交易場所）；
②通信型資訊市場（主要通過採用現代通信聯繫的方式進行資訊交換）；
③臨時型資訊市場（臨時舉辦的產品展覽會、資訊交流會）；
④流動型資訊市場（不是固定在某一場所內，沒有固定時間，而是通過報紙、雜誌、內部資料來擴大資訊傳播和交易）。

（2）按資訊商品所屬的層次，資訊市場可以劃分為一次資訊市場（市場動態、技術轉讓等）、二次資訊市場（數據庫商場等）、三次資訊市場（可行性分析報告、市場調查報告等）。

（3）按資訊商品經營的範圍，資訊市場可以劃分為綜合型資訊市場和專業型資訊市場（單獨經營某一專業領域）。

（4）根據不同所有制和組織形式，資訊市場可以劃分為民辦互助式的資訊市場、官辦的資訊中心和資訊交易所、學會團體和企業集團自己舉辦的自發經營的資訊市場、私營或個人資訊交易市場及聯營型資訊市場。

（5）按資訊市場經營的資訊商品類別，資訊市場可以劃分為資料型資訊市場、產品型資訊市場、勞務型資訊市場及混合型資訊市場。

（6）按資訊市場的交易性質和形式，資訊市場可以劃分為產品型資訊市場和服務型資訊市場。

第二節　資訊經紀人

一、資訊經紀人的含義

資訊經紀人是指在經濟活動中以收取佣金為目的，為促成資訊交易而從事居間、行紀、代理等經紀業務的公民、法人和其他經濟組織。

資訊經紀人的工作目的是盈利，工作技能是資訊檢索和與人交流的能力，工作方

式是傳統的面對面的方式和現代的網路方式，服務項目包括資訊提供、客戶培訓、幫助企業制訂各種方案等，機構形式有個人或組織等形式。

二、資訊經紀人營利方式

1. 宣傳網站營利

註冊成為資訊經紀人後，系統會自動分配給你一個網站，你便可以宣傳這個網站。只要他人打開了你的網站，你就可以獲得1個積分，1個積分可兌換0.1元人民幣，10個積分可兌換1元人民幣，100個積分兌換10元人民幣，1,000個積分兌換100元人民幣，10,000個積分兌換1,000元人民幣……以此類推。滿10元即可兌付。

2. 出售資訊盈利

他人從你的網站上購買一條資訊，你就可以獲得該資訊售價50%的分紅，資訊發布人獲得20%的分紅，網站分紅30%，用於支付會員宣傳網站獲得的積分兌換人民幣的費用和網站營運、管理成本。

例如有人從你的網站上購買了一條售價100元的資訊，那麼你就可以獲得50元，資訊發布人獲得20元，網站獲得30元。如果有人從你的網站上購買了一條售價600元的資訊，那麼你就可以獲得300元，資訊發布人獲得120元，網站獲得180元……以此類推。

3. 發布資訊盈利

每一個人都有自己的資訊管道，只是你平時沒有注意罷了。比如，當地有什麼特產，這就是資訊，因為當地人都知道這個資訊，所以當地人不當一回事，但對於外省市一些人來說，這就是一條價值千金的資訊，有眼光的商人會從中看到商機。再比如，當地盛產什麼，可能積壓成垃圾，但對於其他地方來說可能是個寶，這也是資訊。當地緊缺什麼，這也是一條資訊，一些供貨商會根據你提供的資訊而找到銷路。

發布一些這樣的資訊，對你來說是輕而易舉的事，因為這些都是你再熟悉不過的事。如果有人購買了你的資訊，就能獲得售價20%的分紅，全國那麼多資訊經紀人在推廣你的資訊，你的收入可想而知。

4. 利用資訊創業

一條資訊就是一個機遇，可以避免你少走彎路。就像房產仲介一樣，仲介人總是最先知道最好的房源，資訊經紀人也總是最先瞭解對於自己來說最有價值的資訊，有了商業資訊，創業也更容易了。

第三節　資訊經紀業務

一、資訊檢索

資訊檢索是指利用各種資訊源和資訊檢索技巧尋找客戶所需要的資訊，它是資訊經紀業職業活動的支柱。資訊經紀人要想獲得所需要的資訊，並使之發揮效用，必須

拓寬資訊檢索與收集管道。目前資訊檢索管道主要有五種。

1. 公開媒體

報紙、雜誌、廣播、電視、電影、網路等公開媒體中蘊含了大量的資訊，經紀人要善於從中發現與自己產業相關的有用資訊。

2. 專業文獻

專業文獻是前人留下的寶貴財富，是知識的集合體。在數量龐大、高度分散的文獻中找到所需要的、有價值的資訊，是經紀人必做的功課。

3. 人際關係

同事、上級、下屬、客戶、親朋好友、競爭對手等，都可以成為重要的資訊來源，與他人保持暢通的資訊交流非常重要。

4. 資訊機構

當日常的資訊收集和知識累積尚不足夠時，就要借助一些專業的資訊機構，例如參加專業會議、加入情報網絡、委託諮詢公司等。

5. 社會調查

社會調查是獲得真實可靠資訊的重要手段。它是指運用觀察、諮詢等方法直接從社會中瞭解情況、收集資料和數據的活動。利用社會調查收集到的資訊是第一手資料，因而這些資訊比較接近社會，更加真實可靠。

二、資訊加工

資訊加工是指對收集來的資訊進行去偽存真、去粗取精、由表及裡、由此及彼的加工過程。它是在原始資訊的基礎上，生產出價值含量高、方便用戶利用的二次資訊的活動過程。這一過程將使資訊增值。只有對資訊進行適當的處理，才能產生新的、用以指導決策的有效資訊或知識。

1. 資訊加工的內容

一般來說，資訊加工的內容包括以下三個方面：

（1）資訊的篩選和判別。在大量的原始資訊中，不可避免地存在一些假資訊和偽資訊，只有通過認真篩選和判別，才能防止魚目混珠、真假混雜。

（2）資訊的分類和排序。收集來的資訊是一種初始的、零亂的和孤立的資訊，只有把這些資訊進行分類和排序，才能存儲、檢索、傳遞和使用。

（3）資訊的分析和研究。對分類排序後的資訊進行分析比較、研究計算，可以使資訊更具有使用價值乃至形成新資訊。

2. 資訊加工的方式

從不同的角度出發，資訊加工方式有各種不同的劃分。

（1）按處理功能的深淺，資訊加工方式可分為預處理加工、業務處理加工和決策處理加工三類。第一類是對資訊簡單整理，加工出的是預資訊。第二類是對資訊進行分析，綜合出輔助決策的資訊。第三類是對資訊進行統計推斷，可以產生決策資訊。

（2）按是否運用計算機，資訊加工方式可分為手工加工和計算機加工兩種。採用手工管理方式進行資訊加工，不僅繁瑣、容易出錯，而且加工過程需要很長時間，已

經遠遠不能滿足管理決策的需要。計算機、人工智慧等技術的不斷發展和應用，大大縮短了資訊加工的時間，滿足了管理者的決策需求，同時人們也從繁瑣的手工管理方式中解脫了出來。計算機資訊加工就是指利用計算機進行數據處理，而且在處理過程中，大量採用各種數學模型。這些模型的算法往往是相當複雜的。不過現在已經有許多可供選擇的軟體模組，如統計軟體模組、預測軟體模組、數學規劃軟體模組、模擬軟體模組等。

三、用戶培訓

客戶培訓內容包括培養客戶的資訊意識，培養客戶使用互聯網、萬維網和其他網上系統進行資訊檢索等。誠然，經過培訓，消費者可以隨時做一些基本的資訊檢索工作，但這不影響他們尋求資訊經紀人專業化服務的消費慾望。相反，隨著消費者親自檢索資訊的經歷增多，他們將逐漸體會到資訊經紀人所提供的服務和技術的重要性，從而形成更廣泛、更深入的資訊需求。另外，由於資訊經紀人在滿足各種資訊需求方面存在比較優勢，資訊消費者也會樂意以貨幣的形式購買資訊經紀人的專業資訊服務。

四、事前預測和事後反饋

資訊經紀人只有做好研究預測工作，才能瞭解到資訊消費者的潛在需求，才能找到正確的努力方向，才有利於資訊經紀工作持續地發展下去。目前商店、銀行等服務性部門都在加強客戶關係管理，通過數據挖掘技術確定潛在的消費者和消費者的潛在需求。它們在盡最大的努力爭取更多的客戶資源，這一點是值得資訊經紀人借鑑的。另外，事後反饋也同樣不可忽視。向資訊生產商進行資訊反饋可以使生產商及時地瞭解產業趨勢，及時地調整工作重點，找到缺陷加以完善，總之這是有益而無害的。以下幾個例子是消費者提出的一些資訊需求，可以讓我們更加真實地感受到資訊經紀人的具體工作：

（1）我所處產業中第四大公司為哪一家？他們去年的銷售情況如何？公司的總裁是誰？他有幾個孩子？

（2）今後五年內我所在的領域將出現哪三種最具有代表性的產品或服務項目？哪家公司最適合開發其中的一種或幾種產品？

（3）加拿大人是否喜愛柳橙汁這種飲料？他們是否與美國人一樣在早餐時飲用橙汁呢？在加拿大是否還有待開發的橙汁市場？如果有，他們需要新鮮橙汁還是冷凍橙汁？

第十章　房地產經紀人

第一節　房地產市場與房地產經紀

隨著城鄉居民收入水準的持續增長與城鎮化進程的加快，中國房地產產業發展迅猛。中國百強房地產代理服務業 TOP10 研究報告顯示，排在前列的十強企業自 2007 年開始持續快速增長，2007—2008 年增幅較大，之後形成穩定的增長態勢，市場比例由 7%上升到 12%左右。排在第 11~15 位的企業在 2007—2008 年所占市場比例較大，在 13%~15%之間。

中國房地產對經濟增長貢獻顯著。國家統計局 2014 年數據顯示，2013 年中國全社會固定資產投資總額（不含農戶）436,528 億元，其中房地產產業投資額在所統計的 19 個產業中比重最高，達到 111,424 億元，占全社會固定資產投資總額的 25.53%。2013 年，中國國內生產總值（GDP）為 568,845 億元人民幣，從 GDP 支出法構成來看，最終消費為 28.4 兆元，其中商品房銷售額為 8.1 兆元，房地產產業 7.9 兆元，二者共計 16 兆元，占中國 56.8 兆元 GDP 的 28.17%。2013 年，房地產產業產值占 GDP 的比重已經接近 30%。同時，房地產業是關聯產業最多的超級產業，受房地產業影響的產業有三大類共計 130 多個產業，加上受其影響的附屬產業，其對中國 GDP 的實際影響將遠遠超過 30%。

一、房地產市場

（一）房地產市場的概念

房地產市場是指從事房產、土地的出售、租賃、買賣、抵押等交易活動的場所或領域。房產包括作為居民個人消費資料的住宅，也包括作為生產資料的廠房、辦公樓等。

（二）房地產市場的特點

房地產是指土地、建築物及其地上定著物。它可以視為實物、權益、區位三者的結合。由於房地產具有不可移動、獨一無二、價值大、壽命長久、相互影響、數量有限、保值增值等特性，房地產市場也相應地具有如下特點：

（1）交易的物質實體不能進行空間上的移動，只能是無形權益的轉移。

（2）交易的對象非標準化，是一個產品差異化的市場。

（3）供求狀況、價格水準和價格走勢等在不同地區各不相同，是一個區域性市場。

(4) 容易出現壟斷和投機。房地產投機是指為了再出售（或再購買）而暫時購買（或出售）房地產，利用房地產的價格漲落變化，從價差中獲利的行為。

(5) 較多地受到法規、政策的影響和限制。

(6) 一般人非經常性參與，很多人一生中難得有幾次買賣經歷。

(7) 交易的金額較大，依賴金融機構的支持與配合。

(8) 交易程序較複雜，需要簽訂書面交易合同，辦理產權登記過戶等手續。

(9) 廣泛的房地產經紀人服務。

(三) 房地產市場的類型

(1) 按照用途，房地產市場分為居住地房地產市場和非居住地房地產市場。居住地房地產市場可進一步分為普通住宅市場、高檔公寓市場、別墅市場等；非居住市場可進一步分為商業用房市場、辦公室市場、工業用房市場等。

(2) 按照房子的檔次，房地產市場分為高檔房地產市場、中檔房地產市場和低檔房地產市場。

(3) 按照區域範圍，房地產市場分為整體房地產市場和區域房地產市場。具體可分為全國房地產市場、某地區房地產市場或某城市房地產市場。

(4) 按照交易方式，房地產市場分為房地產買賣市場和房地產租賃市場。房地產由於價值大、壽命長久，其租賃活動有時比買賣活動還要多。因此，房地產租賃市場有時比房地產買賣市場還要大，還要活躍，特別是住宅、辦公室市場。

(5) 按照交易目的，房地產市場可分為房地產使用市場和房地產投資市場。房地產使用市場是指買賣或租賃房地產、目的是自用的市場；房地產投資市場是指買賣或租賃、目的是投資（出租、再賣或轉租）的市場。從購買房地產的目的來看，房地產具體還可分為自用、出租、消極性保值、準備積極轉手四大類。房地產兼具實用和投資的雙重性，以使用為目的購買的房地產業可以用於投資，以投資為目的購買的房地產在投資期間也可安排使用。

(6) 按流轉次數，房地產市場可分為房地產一級市場、房地產二級市場、房地產三級市場。房地產一級市場具體為土地使用權出讓市場；房地產二級市場及土地使用權出讓後的房地產開發經營，具體是土地使用權轉讓市場、新開發商品房的初次交易市場；房地產三級市場及投入使用後的房地產交易抵押、租賃等多種經營方式，具體為商品房、經濟適用住房、已購公有住房等的再次交易市場。相關的分類還有土地一級市場、土地二級市場或土地增量市場、土地存量市場、新房市場、舊房市場。其中，新房市場又稱增量市場、住房一級市場；舊房市場又稱二手房市場、存量市場、住房二級市場。

(7) 按照達成交易與入住時間，房地產市場分為新成屋市場和預售屋市場。新成屋是指目前已建成的房屋，預售屋是指目前尚未建成而將在未來建成的房屋。

二、房地產經紀

（一）房地產經紀的概念

房地產經紀，是指房地產經紀機構和房地產經紀人員為促成房地產交易，向委託人提供房地產居間、代理等服務並收取佣金的行為。

（二）房地產經紀存在的必要性

1. 房地產市場資訊存在不完全性與不對稱性

首先，在房地產交易之前的溝通階段，房地產出讓方擁有房地產知識的資訊優勢，往往會誇大房地產的優勢而掩蓋房地產的劣勢，而房地產受讓方則處於資訊劣勢，很容易做出錯誤的購買決策。因此，需要客觀公正的專業機構和人員綜合房地產市場資訊，分析得出準確的評估結果，避免房地產受讓方遭受損失。其次，在房地產交易過程中，涉及一些權屬關係的變更，故要求對相應的法律條款、交易流程和手續進行規範，而這需要相當專業的知識背景和處置能力。若沒有房地產經紀，將難以避免雙方的機會主義行為，從而造成難以彌補的損失。

2. 房地產市場投資風險存在不確定性

房地產市場投資金額大、回收期長。房地產整體的價值含量高、建設週期長、投資風險大，只有通過經紀人對市場資訊進行收集、反饋和分析，對投資項目進行精心策劃以及對推出物業進行良好的促銷代理，方能在最大程度上防止投資失誤，規避投資風險。

3. 房地產交易沉沒成本過高

一方面，大多數人並不會頻繁進入房地產市場，因此缺乏對標的物的專業知識，何況交易金額一般相對較大，往往還會與金融信貸關聯。參與房地產市場交易往往需要專業人員的諮詢與指導、操作輔助或代理。同時，房地產商品的固定性、不可移動性，決定了不同地區之間房地產市場出現的不均衡問題是不可能通過房地產實物在空間上的交流來解決的。另一方面，房地產具有顯著的性能差異，任何一個房地產的地段、採光、戶外環境、商業或宜居價值都絕不相同，而且建築物的獨立性和不可複製性使房地產在建築結構、設備等物業要素，交通條件、生活服務設施等環境要素，鄰里關係、社會風氣等人文要素方面存在著顯著的差異。房地產市場區域性要求參與房地產市場交易的人必須有足夠的專業知識和市場經驗。

第二節　房地產經紀人概述

一、房地產經紀人的概念

房地產經紀人是指在房屋、土地的買賣、租賃、轉讓等交易活動中充當媒介作用、接受委託、撮合、促成房地產交易並收取佣金的自然人和法人。

二、房地產經紀人的類型

(一) 機構類型

1. 實業型房地產經紀機構

按照主要業務類型的不同，房地產經紀人可劃分為代理機構和居間機構。在中國，代理機構與居間機構的主要經營領域不同，代理機構以新建商品房銷售代理為主要經營領域，而居間機構以二手房租售的居間業務為主要經營領域。

2. 顧問型房地產經紀機構

這類房地產經紀機構主要為房地產市場提供房地產行銷策劃和投資諮詢服務，服務對象一般是房地產開發商，主要承擔國際酒店、辦公室、商鋪、商業樓宇等相關房地產的代理銷售業務。

3. 管理型房地產經紀機構

管理型房地產經紀機構主要承擔開發商推出的樓盤租售代理及物業管理業務，在樓宇規劃、建設、銷售、管理等方面擁有專業的知識與技能。

4. 綜合性房地產經紀機構

綜合性房地產經紀機構是未來發展的趨勢。它能夠提供包括經紀、估價、諮詢、培訓等一系列多元化的綜合服務，現已廣泛存在於西方發達國家與中國香港地區。

(二) 人員類型

按照國際慣例，房地產經紀人員類型按經紀業務範圍來劃分。美國把房地產經紀人員分為房地產經紀人和房地產銷售員，中國香港地區把房地產經紀人員分為房地產仲介代理（個人）和營業員，中國內地把房地產經紀人員職業資格分為房地產經紀人執業資格和房地產經紀人協理從業資格兩種。

從房地產經紀職業資格的角度劃分，中國房地產經紀人可分為兩類：第一，房地產經紀人；第二，房地產經紀人協理。若從從業人員的構成上劃分，房地產經紀人可劃分為三類：第一，房地產經紀人；第二，房地產經紀人協理；第三，沒有資格的從事房地產相關工作的人員。

三、房地產經紀人的特點

(一) 中介性

房地產經紀是指以收取佣金為目的，為促成房地產交易的達成而進行一系列居間、代理等經紀業務的經濟活動，因此其具有典型的中介性。

(二) 有償服務性

在房地產經紀活動中，房地產經紀人向委託方提供房地產交易資訊、市場資訊、諮詢服務等，進行居間與代理活動，促成交易的達成，提高房地產交易效率，使交易各方獲得預期的收益，房地產經紀人因此獲得報酬。

(三) 專業性

房地產商品是一種複雜的商品，綜合了物理屬性、社會屬性與商品屬性，因此，房地產交易本身疊加了經濟範疇與法律範疇的知識，決定了房地產經紀人必須提供十分專業的服務活動，要求房地產經紀人既要具備金融、稅收等經濟類知識，又要具備城市規劃、建築構造、園林景觀等城市規劃知識，還要具備房地產交易條例、法律規範等法律知識。

(四) 公共性

房地產經紀人往往需要先免費提供或傳播一定的公共資訊，才能招徠潛在的顧客。因此，在與顧客建立良好的關係之前，經紀人需要廣泛地收集、傳播資訊，而這些活動具有明顯的公共性特點。

四、房地產經紀人的起源與發展

中國房地產經紀人的雛形最早可追溯到元代，至今，中國房地產經紀人在業務性質、業務範圍方面已發生翻天覆地的變化，其發展歷程大致可劃分為三個階段。

1. 階段一：萌芽階段（1949年以前）

中國房地產經紀人的雛形可追溯到元代，當時其被稱為「房為」。1840年鴉片戰爭之後，外商紛紛投資於中國房地產市場，從事土地買賣、房屋建造與租賃、房地產抵押等經營活動，攫取了豐厚的利潤。同時，大房地產投資商將修建好的大樓租給各類商店、銀行等承租戶，卻並不願意管理零散的中小承租戶，於是將對中小承租戶的經營管理活動委託給專門從事此事的人，即「二房東」。1912年後，中國房地產業高速發展，房屋租賃是其主要經濟活動，且其已具備一定規模，交易過程規範化程度較高，當時被稱為「白螞蟻」、「房纖」或「纖手」的房地產經紀人以收取的佣金為主要收入。

2. 階段二：停滯階段（1949—1978年）

新中國成立初期，房地產市場比較混亂，「房纖」依仗較大的市場需求欺騙、敲詐、威脅買主與賣主，收取高額佣金並哄抬房價。鑑於此，政府發佈了一系列管理規範對房地產市場進行制度規範，取得了較為良好的效果。在1978年改革開放前，由於房屋由國家分配而不是市場分配，房地產市場交易規模並不大，房地產經紀活動顯得並不重要。而且，當時政府部門認定經紀活動是一種投機倒把行為，堅決予以取締，致使房地產經紀活動基本消失。

3. 階段三：迅速發展階段（1978年以後）

20世紀70年代末至20世紀90年代初期，隨著改革開放政策的實施、市場經濟路線的確立，房地產業經紀業從不合法經營到合法經營，房地產經紀機構和從業人員的數量迅速增加，人們對房地產經紀業的態度也逐漸從排斥轉向接納。房地產經紀人在活躍房地產市場、促進房地產交易、規範市場行為，改善人們的生活、學習、工作條件等方面發揮了顯著的作用。

1988年，中國第一家房地產經紀機構「深圳同際房地產諮詢股份有限公司」成立並營運。1992年，上海首家房地產經紀機構——「上海同信房地產信託諮詢服務有限

公司」成立。至 2011 年年底，中國共有房地產經紀機構 5 萬多家，從業人員近百萬人，佣金規模超過 300 億元。從發展方向上看，房地產經紀服務產業正向規模化、品牌化方向發展，由外延式資本集中的粗放經營模式向內涵式資本集聚的集約化經營模式轉變。因而，從總體上來看，中國房地產經紀產業已經從幼稚發展階段步入了正向引導和扶持發展階段。

第三節　房地產經紀業務與管理

一、房地產經紀業務

（一）房地產經紀業務類型

房地產經紀業務按照不同的維度可分為不同的類型，主要有以下幾種類型：

（1）根據房地產經紀業務的性質，房地產經紀業務可劃分為房地產代理業務和房地產居間業務。

（2）根據房地產經紀業務指向的標的，房地產經紀業務可劃分為住宅房地產經紀業務、商業房地產經紀業務、工業房地產經紀業務。

（3）根據房地產的物質狀態類型，房地產經紀業務可劃分為土地經紀業務和房屋經紀業務。

（4）根據標的房地產所處的市場類型，房地產經紀業務可劃分為土地經紀業務、新建商品房業務、二手房經紀業務。

（5）根據房地產經紀活動的營業範圍，房地產經紀業務可劃分為房地產轉讓經紀業務、房地產租賃經紀業務和房地產抵押經紀業務。

（二）房地產經紀業務流程

目前，中國房地產經紀活動的主要方式有代理模式和居間模式。

房地產經紀代理，是指房地產經紀人站在委託人的立場，在法律准許的範圍內，按照委託協議的約定，向委託人提供促成其與第三人進行房地產交易的專業服務，並向委託人收取佣金的行為。在中國，代理模式廣泛存在於新房銷售市場、二手房銷售市場和商業房地產租賃市場中。

房地產經紀居間，是指房地產經紀人向委託人提供訂立房地產交易合同的機會或提供訂立房地產交易合同的媒介服務，並向委託人收取佣金的行為。在房地產居間業務中，房地產不能以委託人的名義充當與第三人訂立合同的當事人。

在房地產經紀業務中，二手房經紀業務十分典型，能夠全面體現房地產經紀人業務的基本流程，因此下文將以二手房經紀業務作為案例進行分析。

二手房指擁有土地和房屋管理職能機關頒發的國有土地使用權證和房屋所有權證的房屋，其在房地產二級市場可自由轉讓，且已經過兩次或兩次以上的交易登記，房地產經紀業務包括以下四個流程。二手房包括商品房、私房及房改房、經濟適用房等。

1. 與委託方締約階段

搜尋潛在的委託人，是房地產居間業務的基礎性工作。房地產經紀人首先要通過傳單、廣告、網路等多種資訊管道，傳播自己的品牌，使潛在的委託人能夠知曉該房地產經紀人的業務範圍以及業界口碑，以吸引潛在委託人產生交易意向，選擇自己進行交易。當招徠潛在的委託人後，房地產經紀人應盡可能全面、完整地瞭解委託人的交易意圖與要求，確認自己是否具備完成委託人要求的能力。同時，房地產經紀人要查清委託人是否具備委託事務的合法權利，並查驗委託人的有關證件，包括個人身分證、公司營業執照等。若是賣方代理，則要查清對方是否具備產權證等相關資料。若雙方均有意向進行交易，房地產經紀人應及時告之委託人所有注意事項，出示房地產經紀執業執照等規範文件。之後，雙方應就交易方式、佣金標準、服務內容等交易關鍵事項進行詳細洽談。之後，房地產經紀人應對房地產進行查驗：一是查驗房地產的權屬與權利附著情況，包括檢查委託人是否存在未取得房產權證、仍受司法或行政部門限制等違規違法行為；檢查委託人是否設定抵押權、租賃權，及這些權利的歸屬和期限問題；檢查標的房地產是所有權房還是使用權房，是私有還是共有。二是查驗房地產本身狀況。通過審閱房地產產權證、售樓說明、項目批准文件、工程概況等文件資料，或進行實地考察以及對其他已入住業主進行訪談等方式，綜合查驗房地產本身的區位、朝向、裝修等物質狀況，以及房地產周邊交通、生活配套、自然景觀等環境狀況。若房地產真實情況與委託人描述相符，雙方便可進入簽約階段，即經紀人與委託人簽訂房地產代理合同。

2. 撮合交易階段

接受委託代理業務後，房地產經紀人需要做好充足的資訊儲備工作。一是準備好房地產物業資訊，包括標的物業的物質狀況、環境狀況等資訊；二是房地產市場資訊，包括房地產的供需情況、區位價值等；三是委託方的基本資訊，包括個人工作情況、企業經營情況、資產信用情況等。

由於房地產的複雜性，房地產經紀人有義務引領買方（承租方）現場查驗標的房地產的物質狀況與環境狀況，並真實告知買方（承租方）基於該房地產的一切有利或不利因素。

3. 與第三方締約階段

當買賣雙方同意經商議後的買賣房價格或租房價格後，房地產經紀人員代表委託方與購買方或承租方簽訂房地產交易合同（買賣合同或租賃合同），收取房地產交易價款。房地產經紀機構代理委託人收取合同中約定的定金和房地產交易價款，並向買方出具正式的發票。收取的價款先暫由房地產交易資金監管機構妥善保管，以合同約定的方式移交給委託人。

4. 交易實現階段

凡是房地產權利的變動（買賣代理），而非他項權利的設立（租賃代理），均需進行房地產登記（備案）。房地產經紀人應代表委託人辦理各類產權登記或文件登記備案。即使一份足夠周全的合同也無法完美地描述出房地產商品的所有細節，房地產經紀人員有義務協助買方核對面積、裝修、設備等合同涉及要件，檢查實際情況是否與

合同規定相符。房地產經紀人按照合同規定履行完自己的義務後，應及時要求委託方按照合同規定支付佣金，保障自己的合法權益。

二、房地產經紀管理

(一) 中國房地產經紀人員管理模式

房地產經紀人員管理模式，主要是指經紀機構與經紀人的關係（是雇傭關係還是合同關係）以及佣金比例分成的規定等。

1. 雇傭制

無論是房地產代理經紀機構，還是居間經紀機構，目前國內絕大部分的經紀公司與經紀人之間都是一種雇傭關係，雙方簽訂了雇傭合同，雇員按照雇主的指示，利用雇主提供的條件提供勞務，雇主向提供勞務的雇員支付勞動報酬。在這種形式下，房地產經紀人不能以個人名義承接經紀業務，要由經紀機構統一承接並承擔法律責任，統一向委託人收取佣金，並按約定向承接業務的經紀人支付報酬。

2. 獨立經紀

除了傳統的雇傭關係，目前國內也出現了所謂的「獨立經紀人」，即合同制關係、擁有高佣金、自由工作狀態等的經紀人。獨立經紀人對網路等技術的運用與美國相似，但並不是真正意義上的獨立合作者，其受國內市場現狀的影響，正在不斷地進行摸索和改進。

3. 佣金分配

在佣金分配上，房地產代理與居間模式的佣金不大一樣。交給房地產經紀代理機構代理交易的佣金與業績有關，平均佣金在2%左右。一般來說，根據經紀服務市場發展水準和房屋價格水準的不同，各地區在利用這種方式時都會存在一個產業普遍接受的百分比，賣方與經紀人會根據這個百分比簽訂合同。在房屋成功售出後，賣方會根據房屋售價支付給經紀人約定百分比的佣金，這種方式簡單易行。佣金提取的基本規則是：交易額越小，提取的比例越大；交易額越高，提取的比例越小。

(二) 中國房地產經紀機構經營模式

在中國，房地產代理業和居間業的經營模式是不同的，代理業主要是無店鋪模式，居間業主要是有店鋪模式。

1. 無店模式

無店鋪模式不依靠店鋪承接業務，主要靠業務人員乃至機構的高層管理人員直接深入各種場所與潛在客戶接觸來承接業務。這類機構通常有兩種，一種是以個人獨資形式設立的房地產經紀機構，另一種是面向機構客戶和大型房地產業主的房地產經紀機構。

2. 有店模式

有店鋪模式依靠店鋪承接業務，通常是面向零散房地產業主及消費者。其中，又可根據店鋪數量的多少將該模式分為單店鋪模式、多店鋪模式和連鎖店模式。中國房地產經紀業中存在單店模式、多店模式和連鎖模式並存的局面。

第十一章　文化經紀人

第一節　文化市場

一、文化市場含義

文化市場，是指按價值規律進行文化藝術產品交換，並提供有償文化服務活動的場所，是文化藝術產品生產和消費的仲介。它必須具備三個條件：一是要有能供人們消費並用於交換的勞動產品和活動，二是要有組織這種活動的經營者和需求者，三是要有適宜的交換條件。

二、文化市場的範圍和分類

文化市場的分類方法有很多，如果按照地域劃分，文化市場可以分為國內文化市場和國際文化市場；如果按照存在形態劃分，文化市場可以分為實物形態文化市場和行為形態文化市場；如果按照文化產品功能劃分，文化市場可以分為欣賞型文化市場和娛樂型文化市場。這裡主要按照產業性質，把文化市場分為以下九種類型。

1. 藝術演出市場

藝術演出市場是指文化活動部門提供藝術產品並讓其以商品形式進入流通領域實現交換的場所。

2. 書刊市場

書刊市場是指新聞出版部門編輯出版的圖書、報紙和刊物通過總發行、批發、零售等環節進行交換的場所。

3. 文化娛樂市場

文化娛樂市場是指以商品形式向人們提供文化娛樂服務，人們對娛樂場所的服務質量和設施、設備檔次進行不同消費交換的場所。

4. 音像市場

音像市場是由音像製品的生產、銷售、出租和放映部門以音像製品與消費者進行交換的場所。

5. 電影市場

電影市場是由電影製片廠、電影發行公司、電影院以影片與消費者進行交換的場所。

6. 藝術市場

藝術市場是指各種藝術品以商品形式進入流通領域進行交換的場所。

7. 文物市場

文物市場是以商品形式交換文物的場所。

8. 藝術培訓市場

藝術培訓市場是指國家計劃之外的社會上的以有償服務形式進行藝術教育的場所。

9. 對外文化交流市場

對外文化交流市場是指中國與世界各個國家或地區之間以有償的形式進行文化交換的場所。

除此之外，網路文化市場、動漫產品市場等新興市場也屬於文化市場的範疇。

文化經紀人在電影市場充當電影明星經紀人，在文物市場充當文物經紀人，在書刊市場充當出版經紀人，在對外文化交流市場充當國際文化經紀人等，所以從這個意義上來說，文化市場是文化經紀人實現以商品形式為社會提供精神產品、文化藝術娛樂服務的流通領域或場所。

第二節　文化經紀人

一、文化經紀人的概念及分類

文化經紀人是指與文化市場相關的眾多產業的經紀人群體，即在演出、出版、影視、娛樂、美術、文物等文化市場上為供求雙方充當媒介而收取佣金的經紀人。

由於與文化市場相關的眾多產業（出版、影視、演出、娛樂、美術、文物等），均存在明顯的產業特點，從某種意義上來說，「隔行如隔山」，所以有必要對文化經紀人進行領域細分，如細分為影視明星經紀人、演出經紀人、出版經紀人、模特經紀人、音樂經紀人、體育經紀人、文物經紀人、書畫經紀人等。

一般而言，文化經紀人可以按照兩種方式劃分。

(一) 按經紀活動方式劃分

1. 文化居間經紀人

文化居間經紀人的主要活動方式是經紀人是以自己的名義為他人提供交易機會，或促成他人之間的交易，即傳統概念上的中間人。文化居間經紀人的主要活動是牽線搭橋、提供資訊。

（1）居間業務的行為是民事法律行為。依法取得經紀資格的經紀人按照委託人的委託，在委託人與第三方進行經濟往來、訂立和執行合同的過程中，必須依法進行仲介服務活動。

（2）居間業務行為是以簽訂居間合同來實施的。經紀人在進行居間業務活動時，必須依據法規與委託人簽訂合同，從而確立其權利義務關係。

2. 文化行紀經紀人

文化行紀經紀人是指受委託人委託，以自己的名義與第三方進行交易，並承擔相應法律責任的經紀人。其業務特徵有：

（1）行紀業務的實施人是能獨立承擔民事責任的企業法人。

（2）行紀業務是從事經紀業務的企業法人以自己的名義進行的行紀業務活動。

（3）行紀業務行為是一種為委託人而經營或服務的業務行為，是以簽訂行紀合同來實施的。

（4）行紀人為委託人購銷的文化商品的所有權屬於委託人。如行紀業務是代購文化商品，貨物交予委託人，行紀人只收取一定的佣金。

3. 文化代理經紀人

文化代理經紀人是指以委託人的名義與第三方進行交易，並由委託人承擔相應法律責任的經紀人，這類經紀人主要起代理的作用。

代理行為的法律特徵是：

（1）代理行為是具有法律意義的行為，是民事法律行為的一種。

（2）代理行為是在代理權限內通過合同方式授予而實施的行為。

（3）代理行為以被代理人的意志和名義進行。

（4）代理行為的法律效果直接歸屬被代理人。

（二）按組織形式劃分

1. 個體文化經紀人

個體文化經紀人是指具有民事權利和完全民事行為能力、依法登記從事經紀業務的自然人。個體文化經紀人以自己的名義獨立從事經紀活動，並以個人的全部財產承擔無限責任。

2. 合夥文化經紀人

合夥文化經紀人是指具有經紀資格證書的兩個以上人員合夥組織，以經紀人事務所的方式或其他合夥形式從事經紀業務，由各合夥人訂立合夥協議，共同出資、合夥經營、共享收益、共擔風險，並對合夥企業債務承擔無限連帶責任的營利性組織。

3. 文化經紀公司

文化經紀公司是依據《公司法》成立的從事文化經紀業務、承擔有限責任的企業法人，在經登記機關核准的經營範圍內從事文化經紀活動。

4. 其他文化經紀組織形式

由於目前文化市場管理尚不十分規範，實際上，國內許多廣告公司、諮詢公司、文化傳播公司，還有一些外國個體經紀人或小型公司也見縫插針，介入中國的文化市場從事文化經紀活動。

二、文化經紀人的作用

（一）有效整合社會文化資源

一個文化市場合理與完善的標示就是實現文化資源的合理配置。在現實社會中，

文化市場及交易總會受到或多或少的負面影響，而欲減少負面影響，除了通過健全、完善的法律規範外，文化經紀人的作用也是不可忽視的，該角色能對社會文化資源配置起到特殊的調劑作用，這絕非法規所能替代。

(二) 文化與市場的聯絡紐帶

目前，中國文化市場還處在發展的初級階段，還沒有形成一個統一的大市場，因而普遍存在的是市場分裂和市場分割的局面，這種狀況不利於社會主義文化市場的發展和完善。所以，文化經紀人的存在不僅是必要的，而且還可以成為促進文化市場發展的催化劑。因為文化經紀人掌握了大量的反應市場需求的文化資訊，並且它們往往擁有豐富的社會關係、靈活的公關技巧和靈敏的嗅覺，所以，文化經紀人能夠把分散的、獨立的個別市場連接起來，適應市場的需要，促進社會主義文化市場的發展和完善。

(三) 文化市場發展的動力

文化創作總是強調個性化、創作自由和風格的唯一性，每位文化創作者都渴望公眾對其作品充分理解。這就是說，在狹義的創作過程之外，還存在仲介的再創造空間。文化經紀人的任務就是對文化創作者的勞動成果進行市場推廣，而經紀人運作本身就是一系列頗有遠見的創意的結果。藝術作品可以具有多重價值，強調藝術家個人的特殊表達方式是適應現代文化發展的趨勢。

(四) 促進第三產業的發展

文化經紀人的產生和發展促進了中國文化市場的興起、發展和繁榮，所以，文化市場作為第三產業的一部分，其興起和發展必然也會帶動第三產業的發展。文化經紀人的發展不僅帶動了消費需求的增加，而且促使這一產業的相關從業人員大為增加，減輕了國家的就業壓力。不僅如此，文化產業在文化經紀人的推動下，還會帶動餐飲業、旅遊業等相關產業的發展。另外，文化經紀人的發展還在吸引外商投資和凝聚各方面人才等方面起了一定作用，間接地帶動了其他產業的發展壯大。

(五) 世界文化交流的橋樑

隨著中國加入 WTO，外國的文化資本和文化產品會越來越多地進入中國文化市場，國際文化交流和合作將更加活躍，國際不同文化的相互滲透將更加激烈。隨著大量精神文化產品的輸入，西方的社會政治理念、道德價值觀念等也將對人們的世界觀、人生觀產生影響。對此，我們在保持優秀的中華民族文化傳統的前提下，既要吸收外來文化的精髓，又要抵禦腐朽文化的侵蝕。因此，我們需要大量高素質的文化經紀人，在世界範圍內提高中國文化產品的市場競爭力和市場佔有率，向世人展示中華文化的巨大魅力。

三、文化經紀人的職能

在市場經濟條件下，文化經紀人一般具有文化資訊服務、仲介服務和代理服務三個方面的職能。

（一）文化資訊服務

文化資訊服務是文化經紀人的一項基本職能。在市場經濟條件下，資訊就是生命。文化經紀人的資訊服務一般包括文化資訊收集、文化資訊處理和文化資訊傳遞。

1. 文化資訊收集

資訊收集是資訊服務的準備階段。資訊收集的方法和管道有很多，主要包括：①通過剪貼、摘錄等方法對報紙雜誌、電視、廣播中有關的文化資訊進行分類收集；②通過訪問、調查、諮詢等方法對資訊進行挖掘，以得到自己所需要的資訊。

在收集文化資訊的過程中，尤其要注意資訊資料的有效保存和不斷更新。資訊資料的保存實際上就是自己勞動價值的保存。文化經紀人不僅要防止資訊的損壞或遺失，還要防止資訊的洩漏。資訊資料的更新實際上就是資訊資料的再收集，是確保資訊價值的手段，因此，文化經紀人的資訊應當是市場上最新的資訊。

2. 文化資訊處理

文化資訊處理是資訊服務的必要保證，其包括兩個過程：

（1）資訊簡單處理，即將收集的資訊資料進行分類排列和組合。如按不同的文化風格進行分類、按不同的地區進行分類、按不同時間進行分類等。

（2）資訊加工處理，即在對資訊分類做簡單處理的基礎上，對各類資訊進行必要的分析。如有些資訊資料並不是可以直接使用的；有些資訊資料相互之間不吻合，需要重新核實和查對；有些資訊資料需要做進一步的分析和研究，以得出一些新的資訊資料。

在文化資訊處理過程中，尤其要注意資訊處理的客觀性，切忌加入處理者的主觀願望，更不能憑空想像。特別是在對既有資訊進行推論時，更要注意推論的邏輯性和客觀依據，只有這樣，資訊的處理才是有價值的。

3. 文化資訊傳遞

文化資訊傳遞是資訊服務的關鍵階段，也是實質服務階段。在這一階段，文化經紀人需要將收集和處理的資訊資料準確、及時、完整地傳遞到需要這些資訊資料的客戶手中，以此完成應盡的職責。

（二）仲介服務

文化經紀人的仲介服務是創造價值的服務性勞動。通過仲介服務，可以提高文化市場的整體效益，促進文化市場的正常運行，活躍和繁榮文化市場。

首先，文化經紀人的仲介服務提高了市場的組織化程度。由於文化市場主體眾多，組織化程度低，文化經紀人的介入能夠使市場秩序規範化、合理化。

其次，文化經紀人的仲介服務提高了文化市場的交易效率，降低了文化市場的交易費用。文化經紀人發揮自身的資訊和知識優勢，以其熟練的專業知識和社會化服務，為供需雙方牽線搭橋，從而活躍了文化市場的流通，降低了市場交易費用，大大節約了社會勞動。

再次，文化經紀人的仲介服務進一步拓展了文化市場交換的廣度和深度，深化了文化市場的社會分工，促進了文化資源配置的優化，有效地為文化資訊傳播提供了有

利條件。

最後，通過文化經紀人的仲介服務，可以提高客戶的知名度，為客戶樹立良好的社會公眾形象，使客戶的形象社會化。

(三) 代理服務

文化經紀人的代理服務是指經紀人得到委託人的授權，代表委託人進行一系列文化活動的行為，由此而產生的權利和義務直接對委託人發生效力。

首先，通過文化經紀人的代理服務，可以使代理的文化活動合法化。凡屬於民事法律所禁止的文化活動範圍，文化經紀人依照法律規定，可以拒絕委託人的要求並提醒委託人其委託文化活動的非法性，以此淨化文化代理服務市場。

其次，文化經紀人的代理服務可以明確雙方的權利和義務。文化經紀人是以委託人的名義實施文化經紀活動的，所產生的經濟行為後果由委託人承擔，但代理行為必須是在授權範圍內的行為。

最後，文化經紀人在進行代理服務活動時，可以在授權範圍內獨立表現自己的意志，使文化經紀活動呈現出個性化的特點。

第三節　文化經紀人業務

一、文化經紀人活動的主要內容

(一) 傳遞文化市場資訊

傳遞文化市場資訊是文化經紀人的基本職能。在文化經紀活動中，文化經紀人接受供給或需求方一方的委託後，就要帶著供給或需求一方的資訊去尋找相應的需求方或供給方，把該資訊提供給需要交易的另一方，促使買賣雙方有交流的機會，撮合買賣雙方的交易。達成交易後，文化經紀人或者文化經紀組織則依據法律收取相應的佣金。在這個過程中，文化經紀人或者文化經紀組織傳遞的資訊是至關重要的。

(二) 代表委託方進行談判

文化經紀人通過提供資訊能夠使供求雙方聯繫起來，但不一定能使雙方馬上達成一致。交易過程中，對於某些條件，雙方可能會有較大的分歧。在這種情況下，如果有委託人的授權，文化經紀人可以代表委託人與交易方進行談判。但是，這種談判必須在委託人的授權範圍之內進行。如果超越授權範圍，必須徵得委託人的事前同意，並且及時向委託人通報談判情況，否則，由此產生的法律後果由文化經紀人自行承擔。

(三) 提供諮詢服務

在一些情況下，交易者會存在對某些商務、法律等事宜不熟悉的情況，這個時候，文化經紀人可以提供諮詢，並協助交易者辦理有關手續。例如，為委託方提供文化藝術資訊反饋、法律諮詢等，或者協助文化交易者進行文化市場調查等工作。

(四）草擬相關文件

　　文化經紀人可以根據委託方的意思表示進行經紀活動中有關文件的草擬工作，但由於交易文件具有法律效力，涉及雙方當事人的經濟利益，因此，交易文件雖可由文化經紀人代為草擬，但文件必須通過與當事人的協商才能最終確定，並且當事人應當簽名蓋章。

（五）為交易提供有效保證

　　在市場經濟條件下，文化經紀人的經紀活動通常還可以作為一種保障交易安全的方法，起著經濟擔保的作用。在文化經紀活動中，經常會出現買賣雙方互不信任的情況，這時候，經紀人可以發揮一定的作用。比如，買方可以先將文化產品交易款打入經紀人的帳戶，由經紀人向買方提供文化產品交易款已到的憑證，賣方在確認單據無疑的情況下提供文化產品或服務，然後向經紀人出示有關單據，經紀人確認後，就可以把文化產品交易款轉給賣方。這樣，交易雙方可以通過經紀人轉交文化產品交易款和相關文化產品或服務，經紀人在其中起到一定的擔保作用。但是，經紀人的這種擔保不負有連帶賠償責任，而是以信譽保證交易能夠完成。

二、文化經紀人的活動程序

　　文化內涵的廣泛性使不同的文化經紀人有著不同的操作流程規範，但是他們都必須遵守經紀人的基本原則。不同產業類別的文化經紀人的工作程序有著共同之處。

（一）確定文化經紀項目

　　文化經紀人所選擇的文化經紀項目來源一般可以分為自己開發、民間邀請和政府委派三大類。根據市場經濟原則，文化經紀人選擇有利可圖的文化經紀項目，在為社會提供文化產品的同時，實現自身利益的最大化。從盈利情況看，自我開發和民間邀請的文化經紀項目，大多利潤比較豐厚；政府部門的委派項目大多盈利較低。但是文化經紀人可以通過對委派任務的完成，與政府相關機構建立良好的合作關係，提高文化經紀人的知名度，為將來的文化經紀活動奠定良好的基礎。確定文化經紀項目要分四個步驟進行。

1. 收集並篩選文化市場資訊

　　文化經紀人的工作是否出色取決於自己是否比別人掌握更多的文化市場資訊。文化資訊是文化經紀人的資源和資本，因而獲取和整理文化資訊是文化經紀人的一項關鍵工作。

　　第一，經紀人要收集、獲取有用的文化資訊。在當前的資訊時代，獲取資訊的管道很多，優秀的文化經紀人必須保持敏感，在資訊汪洋中捕獲最有價值的資訊。對於文化經紀人來說，有用的文化資訊一般有：國家文化政策法規資訊，文化市場相關資訊，文化產業相關資訊，文化科技及金融相關資訊，文化消費群體資訊，文化經紀對象及潛在經紀對象的相關資訊，社會政治文化動態資訊，文化產業項目資訊等。

　　第二，經紀人要篩選、加工和整理資訊。經紀人一般通過分析、歸納、對比等方

式篩選出適用資訊，再分類排序、存貯、總結評估，把有用的資訊按用途歸類，用於對文化經紀對象的確定或談判業務及其他文化經紀業務領域。

2. 確定文化經紀對象或文化經紀項目

文化經紀對象與文化經紀項目的確定工作是全部文化經紀經營業務的開端，經紀對象、經紀項目選擇正確與否，直接關係到整個文化經紀經營業務的成敗。確定合適的文化經紀對象、經紀項目要注意以下幾點：

(1) 調查文化市場。不同於一般商品流通市場的經紀對象僅限於物質形式的有形產品，文化經紀人的經紀對象比較複雜，可能是一位演員、書畫家，也可能是一個藝術表演團體，還有可能是一次大型文化活動，這些都有可能成為文化經紀人的經紀對象。那麼，作為文化經紀人，只有通過系統的文化市場調查，採取最佳的文化市場定位及相關策略，才能獲取豐厚的收入及持續的回報。

(2) 客觀評價自身能力和文化市場機會。人們容易對當前市場認可的文化項目產生趨同的判斷，但不可能每個文化經紀人都去經紀同一個經紀對象，所以，一個比較成熟的文化經紀人應該客觀地評價自身能力和社會關係背景，盡可能把握自己能夠把握的文化商機，選擇適合自己能力的經紀項目。同時，經紀人對文化市場需求與文化市場機會也要有客觀的評價，不能盲目確定文化經紀對象。

(3) 開發潛在的文化市場需求。優秀的文化經紀人應該是具有長遠眼光的經紀人，能夠洞察文化產品的生命週期，發現未來潛在的文化市場機會。其不同於一般的商品市場，其需求往往是以潛在的、遊離的狀態存在，這種需求需要外在力量的強化才可能成為明確的需求。因此，發現、引導、強化、開發潛在的文化市場需求，是文化經紀人成功的關鍵因素。

3. 堅持寧少勿多、寧精毋濫的文化經紀原則

文化經紀人在選擇經紀對象時，要根據自己對文化市場的瞭解程度和自身的實力，選擇最有把握的經紀對象，寧少勿多、寧精毋濫。一些大的文化經紀公司過分迷信自身的地位和實力，往往同時開展多個文化項目，結果其經紀活動的社會效益和經濟效益往往不如專業性的文化經紀公司。

4. 樹立品牌形象

文化經紀人應在自己的工作中，逐漸形成自己的品牌意識和專項意識，也就是經紀對象的定位策略，它有助於形成文化經紀人的公眾形象，形成一種無形資產——商譽。

(二) 制訂文化經紀專案實施計劃

文化仲介專案一經確定，文化經紀人必須擬訂一個詳盡的計劃，主要包括四個方面。

1. 選擇文化市場環境

文化市場環境選擇的優劣是整個專案成敗的關鍵。文化經紀人在選擇文化市場環境時，既要考慮專案推廣的效果，又要考慮專案推出所要增加的投資。

2. 對文化專案的風險、收益進行評估

文化經紀人在確定專案種類和數量後，必須對專案的成本進行評估，精心安排專案的實施順序，因為處置稍有不當，便會增加專案成本。

3. 做好計劃的執行和監督工作

在執行項目計劃的過程中，文化經紀人必須加強事前和事中的監督，嚴格把關，確保文化項目的質量、進度與效益。

4. 制訂詳細的文化市場推廣計劃

文化經紀人在前期工作準備結束後，切不可忽略廣告宣傳工作。文化經紀人要充分利用各類大眾宣傳媒介如電視臺、電臺、報紙、新聞發布會等，以及各類標示宣傳的特色，吸引社會公眾的注意力，給他們留下深刻的印象，以爭取更多的客戶。

（三）籌集項目資金

通常，文化經紀項目經費主要來源於商業贊助費、廣告和項目商業收入三個方面。一般來說，文化經紀人和企業單位之間往往保持著密切的橫向聯繫，常常有機會互相提供優惠。企業單位願意提供商業贊助的可能性普遍存在，其形式除了作為廣告費的支出外，也可能是直接購買一部分文化產品或演出門票發給本單位職員或有關客戶與人員。

（四）編制文化項目預算

文化經紀人從事每一項文化經紀活動，都要編制詳盡的文化項目預算，以確保自己經濟效益的實現。費用支出主要包括文化場所設備的租金、工作人員的工資、廣告費用的支出、餐飲費、文化專案的設計和施工費用等。經紀人必須盡量降低成本，提高經紀效益。

文化項目的直接費用或成本，是指在文化活動中發生的與具體文化產品相關的，或可明確歸集到某個具體文化產品中的費用或成本。一般來說，可歸結為以下三部分：一是創作成本。創作成本是指文化團體為了確定文化項目、文化形式、文化產品、文化創作等而發生的費用，一般有文化項目創作費用、策劃費用、籌建費用、論證費用、再創作費用等；二是宣傳促銷與宣傳費用（含廣告費用）；三是其他相關費用。其他相關費用包括投入的利息支出、相關文化活動的行政後勤支出等。

（五）業務商談

文化項目的談判是文化經紀人工作的一項主要內容。在確定項目開始後，經紀人就要與各主管部門、場所設備的提供者、各類演出人員進行談判，這項工作一直要進行到整個文化活動的結束。

1. 談判時的報價

文化經紀人與合作對象談判的核心問題是價格問題，即文化經紀人的報價是否為對方所接受。在談判之前，經紀人通常要做大量深入細緻的調查工作，從而確定同類文化活動的總利潤、同類場所設備的租金和各類演出人員的費用水準，然後提出一個持之有據、易於為對方所接受的報價。

2. 談判時要樹立良好的形象

文化經紀人在談判過程中要努力樹立精明、寬厚、大度的形象。經紀人表現不精明，則易於被客戶牽著鼻子走；表現太精明，不利於長期合作。因此，文化經紀人在談判過程中一定要樹立良好的形象。

（六）簽訂合同

以文藝演出項目為例，為保證演出過程中各個環節的良好銜接，文化經紀人必須和有關方面簽訂合同，包括經紀人與院團機構、劇院場所、音響設備的所有者以及所有演出有關人員簽訂合同。合同內容包括甲乙雙方必須承擔的責任、履約地點、時間和條件，預付訂金，違約責任等。

（七）合同的執行

當合同簽訂之後，雙方就進入了合同的執行階段。好的項目需要好的執行，文化經紀人要加強執行力度，加強合同的實施與監督力度，這樣才能確保項目順利完成。

（八）代理權的終止

完成合同中規定的項目後，文化經紀人的代理權即告終止，或者進入下一個文化項目的運作。但是，代理權的終止，除了因為項目的完成外，還存在其他終止代理權的情況。

《民法通則》第六十九條規定，有下列情形之一的，委託代理權自動終止：代理期屆滿或者代理事務完成；被代理人取消委託或者代理人辭去委託；代理人死亡；代理人喪失民事行為能力；作為被代理人或者代理人的法人終止。

（九）取得佣金

文化經紀人開展文化經紀活動的目的就是獲得應有的報酬——佣金。佣金作為提供仲介服務的報酬，應該在文化經紀合同中明確規定。按照慣例，佣金的數量標準一般都是按交易成交額的一定百分比來確定的。

（十）總結和評估管理

每當一個文化經紀項目結束後，文化經紀人要對該項目進行全面的業務總結，主要包括四個方面的工作。

1. 將有關文化經紀項目檔案歸檔

對本項目的確定選擇、項目談判、合同簽訂以及合同執行的整個過程進行規範的檔案整理，並存檔備查。

2. 總結經驗

文化經紀人在每個經紀項目完成後，都會發現每個項目的特殊之處，對此，文化經紀人應及時對其進行總結，並以備忘錄或公司內部通信形式進行交流，以引起組織內部的注意。無論是成功之處還是敗筆之處，文化經紀人都要有所總結，目的是為了做好以後的專案。

3. 評估文化項目的社會效益和經濟效益

對社會效益的評估可以從活動知名度、影響力、轟動效應、社會輿論、消費者意見反饋等角度來進行。

4. 建立相應的激勵製度

通過一系列的評估總結，對經紀項目執行人給予適當的獎懲，這是文化經紀人激勵製度的重要組成部分。通過激勵機制，調動組織內從業人員的工作熱情，有利於提高文化經紀人員的素質和業績。

（十一）與客戶建立良好的發展關係

文化經紀人的客戶關係管理包括開發潛在客戶、鞏固現有客戶。經紀人應與客戶建立起良好的合作關係，以達到長期合作的目的。

不斷地開拓和發展新客戶是文化經紀人成功的關鍵。與各類新客戶建立良好關係，有利於迅速提高經紀人的知名度。

與現有客戶建立並且始終保持密切的合作關係。這是為了降低客戶的開發成本，在文化市場中樹立自己良好的形象。

三、中國文化經紀人現狀

1980年以來，中國逐漸由計劃經濟向市場經濟轉軌。在這種總體環境背景下，文化市場逐漸趨於活躍，人們的文化需求日益多樣化，原有的供求方式、供求網路再也不能適應市場的發展，於是，文化經紀人就出現了。其實，經濟轉型剛一開始，國內就有文化經紀人自發形成。從那時到現在，文化經紀人已經發展了幾十年，但總體情況不盡如人意。造成這種現象的原因除了製度缺失造成的諸多不規範（比如從業人員無章可循、不懂操作規則，即使有一些約定俗成的行規，也往往因為彈性太大、漏洞太多且不具法律效力而名存實亡等）外，更為基本的一點還在於從業人員低下的素質。以對外交流為例，不少經紀人是對外宣傳改行過來的，有外語優勢，但缺乏傳統文化的基根，在實際交流中主要充當翻譯角色。還有的經紀人是演員出身，雖有文藝基礎，但在外語、公關以及相關的法律常識等方面不同程度地存在缺陷。這種狀況顯然適應不了文化經紀產業發展的需要，也應對不了中國「入世」後文化產業所面臨的挑戰。產業狀況制約著教育的發展，教育反過來又影響著產業狀況，故要想使中國文化經紀立於不敗之地，就必須努力提高文化經紀人的教育水準和素質，使之與國際接軌。然而，目前中國的文化經紀人專業教育才剛剛起步。

為適應社會主義市場經濟發展的需要，中國經紀人隊伍迅速發展壯大。目前，各類經紀人廣泛活躍在中國各類市場上，成為市場經濟發展不可缺少的重要力量。如房地產業、證券業以及一般意義上的經紀人都已經比較成熟了，但文化市場經紀人一直以來卻不夠規範，很多與文化只沾一點邊甚至完全不沾邊、只靠一定社會關係的人都幹起了這一行。文化產業是個特殊的產業，文化市場也是個特殊類型的市場，而隨著文化產業的發展，文化產業化需要的不僅僅是有一定文化素質、技能的文化經紀專業人才，而是更好地組織、策劃、管理文化活動，激活文化本體活力並能使文化產生更

大社會效益和經濟效益的文化經營管理人才。事實證明，優秀文化經紀人才短缺是制約當前文化產業發展的瓶頸。

據統計，目前全國文化藝術經紀與代理業經營機構有 7,186 個，其中，具有一定規模的演出經紀機構有 78 個，民間劇團 2,698 個，藝術品經營機構 2,205 個，畫廊 1,536 個，美術公司 584 個，藝術品拍賣公司 85 個。演出經紀、藝術品經營代理、版權代理、藝術拍賣等文化藝術經紀活動逐漸深入到文化藝術的每個角落，在文化藝術經營活動中發揮著巨大的作用。中國文化經紀人的培養，大多是通過有關部門不定期地舉行集中培訓的方式進行，沒有形成規模，特別是影視明星經紀人、書畫經紀人、模特經紀人等方面的人才，亟待專業、規範地培訓。因此，在高等教育和職業教育中，設置文化經紀人專業，培養大量具有較高文化水準、擁有豐富專業知識的複合型經紀人才，是解決這一人才缺口的良好途徑。

第十二章 體育經紀人

第一節 體育市場

一、體育市場的概念

狹義的市場是指商品交換和買賣的場所，如市集、商店、超市等，這是一個空間概念。根據市場的這一含義，體育市場是指直接買賣體育服務這種特殊消費品的場所，也就是體育場館、健身娛樂場所、網球場、保齡球館和項目培訓據點等地方。消費者通過購買門票、入場券以及支付培訓費用等方式，直接購買各種體育商品。這一含義的市場雖內容較為具體，但其所涉及的範圍較窄，因而被稱為狹義的市場。

廣義的市場是指商品交換活動以及商品交換關係的總和。商品的生產者、經營者和消費者為了滿足自己的需要，出售自己的商品或從別人手中購買自己所需的商品，在這種交換過程中實現商品的價值，這就是市場。在市場上，能夠反應出生產者、經營者、中間人和消費者之間的經濟利益關係，因此，廣義的體育市場就是指全社會體育服務產品交換活動及交換關係的總和。培育與健全體育市場，就是要研究體育產品交換關係、交換活動的性質和行為，向市場提供更符合需要的產品，改善體育市場的結構，使更多的體育商品進入市場。

二、體育市場的性質

體育市場的性質可以歸納為三個方面。

（一）體育市場是消費品市場的一部分

市場體系是各種類型市場的有機統一。它包括了商品市場、資金市場、技術市場、勞動力市場、資訊市場和房地產市場等。體育市場屬於其中的商品市場，是商品市場的一部分。商品市場還包括生產資料市場和消費資料市場。在消費資料市場上，既有衣、食、住等實物形式的消費資料，又有文化、娛樂、旅遊以及交通服務等非實物形式的消費資料。從體育消費的構成上看，雖然也存在著體育用品等實物形式的消費資料，但就整體而言，體育消費資料的主要部分還是各類體育服務，屬非實物形式的消費品。因此，以體育服務為主要交換內容的體育市場，也是消費資料市場中非實物形式消費品市場的一部分。

（二）體育市場是大文化市場的一部分

體育是大文化概念中的一部分。廣義的文化包含教育、文化（狹義，指文學、藝

術、新聞、出版、廣播、電視、電影、文物等）、科學研究、體育事業等。在大文化範圍內，除基礎教育和基礎研究等一般不能進入市場外，其他各部分都在不同程度上進入了市場。體育市場與狹義的文化市場一樣，是大文化市場的組成部分，但體育市場與其他文化市場相比又有著自身的特點。

(三) 體育市場既是消費者市場又是經營者市場

市場按購買者的目的與任務的不同，可劃分為消費者市場、生產者市場、經營者市場、政府市場等。體育市場主要是指提供滿足個人體育消費服務需求的市場，其消費者以消費者本人或家庭成員為主，因而具有消費者市場的性質。但各類體育消費資料又可成為經營者買賣的對象，如體育用品市場、體育傳播市場、競賽表演市場、健身娛樂市場、體育仲介市場、體育博彩市場等。它們多以經營者市場的形態出現。體育經營者市場能把體育生產和體育消費連接起來，從而推動體育產業的發展、促進體育消費的繁榮。

三、體育市場的構成要素

雖然各國體育市場的發育程度參差不齊，但是從要素構成上分析，它們都具有高度的相似性。任何一個體育市場都包含四個要素。

(一) 體育市場的主體

體育市場的主體就是體育商品和勞務買賣交易的雙方，即體育市場的供給者與需求者。體育市場的主體或是作為自然人的運動員，或是作為法人的企業、俱樂部等。體育市場的主體對體育市場具有決定性的作用：一方面，體育市場主體數目的多少決定了體育市場規模的大小；另一方面，體育市場主體規模的大小與體育市場競爭的激烈程度是正相關的。伴隨市場競爭的加劇，市場將出現分工越來越精細的趨勢，最終演化成一個多樣性的市場體系。

體育市場的多樣性既決定了體育市場的廣度，又決定了體育市場的深度和彈性。市場的廣度就是市場主體的規模，主體規模越大市場越有廣度。市場的深度是指市場主體針對買賣對象的談判價格與最終成交價格之間的差額，差額越小市場越有深度。在一個高度壟斷的市場中，由於市場主體缺乏多元性，壟斷價格便出現了。壟斷價格與談判價格幾乎沒有關聯，兩者之間的差額往往較大，因此，壟斷市場是缺乏深度的。市場的彈性是指市場價格波動的恢復速度，一個有彈性的市場在價格急遽升降之後可以迅速復原，價格復原的動力來自激烈的市場競爭。

(二) 體育市場的客體

體育市場的客體就是體育市場主體的交易對象（或者稱標的物）。它包括實物產品（如各類體育用品和器材等）和服務產品（如運動員的競賽能力或表演能力、媒體轉播權、體育場館的租賃權以及體育經紀人的仲介服務等）。體育市場客體的多樣性已經成為體育市場繁榮與否的「晴雨表」。產品的多樣性取決於其差異性，伴隨市場的成長，產品競爭的焦點逐漸從有形差異向無形差異轉變。例如，愛迪達牌運動鞋與耐吉牌運

動鞋之間的競爭就在於品牌這一無形產品的差異。

體育市場的主體與客體之間存在著正反饋的有機聯繫，主體的多元化產生需求和供給的多樣性，最終又誘發客體的差異化。反過來看，差異化的體育產品刺激市場主體的需求，需求的多樣性又誘發供給的多元化，從而加劇體育市場客體的多樣化。如此相互增進的良性循環奠定了體育市場健康成長的基礎。

(三) 體育市場媒體

所謂「媒體」，簡單地講就是「中間人」，其憑藉自身的專業知識和資訊管道撮合雙方的交易買賣以獲取仲介費。體育市場的媒體包括體育市場經紀人和體育市場仲介機構或組織兩大類。經紀人和仲介機構是分工與交易發展的必然產物，古已有之。在中國唐朝時期，經紀人被稱為「牙郎」，清朝則改稱「牙商」或「牙行」。而在西方，隨著市場經濟的日益成熟，這一產業日趨發達，逐漸形成了較為完善的經紀人製度。

在現代體育市場的交易中，市場媒體的作用與日俱增。市場的發展意味著製度規則的不斷精細，因此，要想在交易中獲取最大的利潤，經紀人就不得不掌握與交易相關的知識和資訊；而作為交易主體本身而言，經紀人的時間是有限的，因此，專職並精通交易規則與資訊的經紀人行為便成為利潤最大化的關鍵環節。以體育勞務市場為例，運動員，尤其是明星運動員，他們進入或退出市場的行為幾乎完全依賴於經紀人或經紀公司。從某種程度上來說，發達國家體育市場媒體已經成為體育市場主體的「代言人」。例如，如果你想要與NBA的某個球員進行一筆交易，那麼你的談判對象也許不是該球員，而是其委託的經紀人或經紀公司。

中國的體育市場處於發育時期，體育市場的主體與客體尚還單調和幼小，因此，其媒體也就顯得落後。今後，我們在培育體育市場的過程中應該注重其主體、客體和媒體的協調發展，任何顧此失彼的舉措都有悖於市場發展的規律。

(四) 體育市場的價格

體育市場的主體雙方（或者委託媒體）針對市場客體這一標的物進行談判和交易，在這一過程中，價格成為一個核心的問題。體育市場的價格形成分為三種情形。

1. 自由定價

交易主體雙方都是通過自然人或者企業的撮合，遵循市場競爭的原則，自願成交。

2. 公共定價

該類體育產品往往屬於公共物品，比如公共運動場館，這些體育產品通常是供人免費使用或者實行部分收費，產品的生產、使用、維護成本一般由政府財政支付。

3. 管制價格

交易雙方雖然可以自由談判，但最終的成交價格必須符合政府價格管制政策的要求。體育市場價格管制的對象一般是體育服務產品，包括體育市場媒體所提供的仲介服務。

體育市場的四個基本要素，對於研究體育產業的市場構成具有重要的理論意義。通過對這四個要素的分析，我們既可以從一般意義上抓住體育市場的本質，又可以透過一般找出各類體育市場的特有規律。

第二節　體育經紀人

一、體育經紀人的概念

由於受不同社會製度、傳統文化及經濟發展水準等因素的影響，不同國家或組織對體育經紀人的界定也各有差異，甚至在同一國家的不同地區，人們對體育經紀人的解釋也不一樣。

在國際足聯的註冊球員經紀人規則中，球員經紀人是為了獲取佣金而依據該規則條款將球員介紹給俱樂部使其獲得就業機會，或促成兩個俱樂部之間相互達成轉會協議的自然人。

在中國，儘管沒有統一的體育經紀人概念，但有些體育組織根據自己的需要，都在各自的經紀人管理規則中進行了解釋，如中國足球協會的球員經紀人管理辦法規定：球員經紀人是指一名自然人，以獲取佣金為目的，在正常範圍內向俱樂部介紹其有意簽約的球員，或介紹兩家俱樂部進行球員轉會活動。中國籃球協會的籃球項目體育經紀人管理暫行辦法規定：籃球項目體育經紀人是指依法取得經紀資格，從事籃球經紀活動的自然人和法人。籃球項目體育經紀活動是指個人或組織在籃球項目活動中收取佣金、促成籃球活動順利開展的居間、行紀或代理等經營活動。另外，中國國家工商行政管理局頒布的《經紀人管理辦法》規定，經紀人是指「在經濟活動中，以收取佣金為目的，為促成他人交易而從事居間、行紀或者代理等經紀業務的公民、法人和其他經濟組織」。

體育經紀人是經紀人的下位概念，是經紀人的一個分支，因此，在參照國外體育經紀人概念的基礎上，結合中國實際，可以將體育經紀人定義為：為體育比賽、體育表演等活動提供居間、經紀、代理等中間服務，並收取佣金的自然人、法人及其他經紀組織，其本質是以從事經紀活動作為謀生手段，創造價值。

二、體育經紀人的組織形式

根據組織形式，體育經紀人可分為以下三種：個體經紀人，即具有民事權利能力和完全民事行為能力，依法登記從事經紀業務的自然人；經紀人事務所，即具有經紀資格證書的個人合夥從事經紀業務；經紀公司，即依據《公司法》成立的從事經紀業務的企業法人。

(一) 個體體育經紀人

個體體育經紀人是指自然人以自己的名義從事體育經紀活動，並以個人全部財產承擔無限責任的體育經濟組織。

要想成為個體體育經紀人應符合下列條件，並向工商局提出申請，領取個體工商戶營業執照：

(1) 有固定的營業場所；

（2）有一定的資本預備金；
（3）具有體育經紀資格證書；
（4）符合《城鄉個體工商戶管理暫行條例》的有關規定。

（二）合夥體育經紀人

合夥體育經紀人指由兩名以上具有體育經紀資格證書的合夥人訂立合同協議，共同出資、共同經營、共享利益、共擔風險，並對合夥企業的債務承擔無限連帶責任的營利性組織。連帶責任是按份責任的對稱，是指兩個以上的債務人共同負責清償同一債務的行為。

申請設立合夥體育經紀人應當具備以下條件：
（1）具有合法名稱和固定的營業場所；
（2）具有相應的資本預備金；
（3）有兩名以上具有體育經紀資格證書的人員作為合夥人；
（4）合夥人之間訂有書面協議；
（5）有組織章程和服務規範；
（6）法律、法規規定的其他條件。

合夥體育經紀人按照各自出資比例或者協議約定，以各自的財產承擔財產責任。合夥人則對合夥經紀人的債務承擔連帶責任。

（三）體育經紀公司

體育經紀公司是指以公司形式（在中國一般是有限責任公司）設立的，具有法人資格的體育經紀組織，公司以其全部資產對公司債務承擔責任，股東以其投入的資本對公司債務承擔責任。體育經紀公司是一種專門從事體育經紀活動的企業法人。由於體育經紀公司具有法人資格，經紀公司的設立、註冊登記及經營活動應按照《民法通則》和《公司法》中的有關規定進行。

設立體育經紀公司應當具備以下條件：
（1）具有合法名稱和固定場所；
（2）具有相應的註冊資本預備金；
（3）具有與其經營規模相適應的一定數量的專職人員，其中具有體育經紀資格證書的應不少於五人；
（4）具有相應的組織機構；
（5）符合《公司法》及有關法律、法規的規定。

（四）兼營體育經紀業務

其他公司具備以下條件的也可以向工商局提出兼營體育經紀業務：
（1）具有與經營規模相適應的一定數量的專職人員，其中具有體育經紀資格證書的應不少於兩人；
（2）具有固定的組織機構和營業場所；
（3）符合《公司法》和有關法律、法規規定的其他條件。

個體經紀人主要代理體育明星的部分事務，具有專業化、運作方式靈活和權威性等特點，但存在資金少、難以進行大規模經紀業務等劣勢。而經紀事務所和經紀公司由於在規模、資金和人才方面有優勢，可以設計一套服務體系為運動員服務，具有利益一致、目的明確、形式簡單和便於管理的特點，但委託成本也相對較高。

三、體育經紀人的類型

一般來說，中國的體育經紀人分為三類，即賽事經紀人、運動員經紀人和體育組織經紀人，其中賽事經紀人占了絕大部分。

1. 賽事經紀人

賽事經紀人最駕輕就熟的工作是推廣體育比賽，他們可以全部或部分買斷國際或國內體育組織正在舉辦的正規賽事，然後通過電視轉播、廣告推銷、爭取贊助等多種管道對賽事進行開發、推廣，最終成功舉辦比賽並達到盈利的目的。如國際管理集團推廣中國的足球和籃球甲A聯賽，香港精英公司曾經推廣過世界女排大賽等。依靠自己（公司）的經濟實力和社會交往能力，經紀人還可自己籌劃推出非體育組織舉辦的新的賽事，如ATP網球系列大獎賽等，以獲得更大的社會影響和經濟效益。

2. 運動員經紀人

運動員經紀人為運動員甚至整支運動隊做代理。具體來說，運動員經紀人的工作主要包括以下四個方面：一是運動員的工作合同，包括運動員的轉會談判、報酬確定、合同簽訂等，經紀人須深諳各俱樂部的需求、各明星球員和有潛質的後備球員的特點和情況，為俱樂部與運動員牽線搭橋；二是安排運動員參加比賽，包括選擇比賽、制定行程、籌措資金、參賽服務等，其中合理地選擇和安排比賽至關重要，應既有利於運動員水準的提高，又能為運動員帶來更大的經濟效益；三是幫助運動員安排比賽間歇時間的訓練和生活；四是管理運動員繁雜的日常事務，如管理賽事收入和財務收支、安排社會活動等。

近年來，運動員的形象開發、廣告製作等已成為體育經紀人開拓的領域。通過各種媒介的宣傳，對運動員進行整體形象包裝設計，提高運動員的知名度，贏得市場——經紀人以此獲取更大的利益。此外，包裝運動隊是近年來新出現的經紀業務，它實際上是經紀個體運動員的延伸。經紀人可以讓贊助商取得運動隊的冠名權（如康威中國女子舉重隊），或在比賽服裝上打廣告，這樣，一方面提高了商家的社會影響，另一方面也使運動隊獲得贊助。另外，運動隊其他無形資產的開發，如比賽轉播權、紀念品開發等也是體育經紀人不會忽視的領域。

3. 體育組織經紀人

現代體育經紀活動已不僅限於競技體育，正在逐步滲透到大眾體育、體育經濟等各個方面，如體育贊助、體育保險、體育旅遊等，這樣體育經紀可以作為體育組織的代理，幫助其協調或解決有關的問題、爭端，為其獲取有關資訊，提供訂約機會，以及進行商業方面的開發等，也可參與解決體育活動和交往中出現的經濟、法律等方面的問題，或提供有關諮詢。如中國足協屬下的「福特寶」公司就屬此類。

四、體育經紀人的特徵

體育經紀人作為經紀人的分支，既具有經紀人的共同特徵，又具有自己獨有的特點。總的來說，體育經紀人有六大特徵。

1. 經濟性

對於體育經濟而言，體育資產主要包括無形資產和有形資產，最具價值的還是無形資產。開發無形資產，充分利用無形資產主要靠體育經紀人完成，以實現資源的優化配置，提高資本使用效率。所以，作為一名合格的體育經紀人，首先應該掌握經濟專業方面的知識，要有合理的經濟科學知識。另外，體育經紀業務從本質上講就是市場運作，而市場運作的成功與否主要取決於商品、價格、仲介方式、經紀人信譽、環境等要素。因此，體育經紀人應掌握體育市場環境、體育行銷、體育市場競爭及交易過程等方面的知識。體育經紀需要與人協作，並通過他人使經營活動完成，它需要經紀人有效地進行有關計劃、組織、領導和控制等方面的活動，調動各方面的積極性，降低成本，使資源成本最小化，提高資源利用率，實現經營的最終目標。

2. 表現性

體育經紀人的經紀行為是體育經紀人素質的外在表現，其經紀行為有：代理運動員的生活瑣事、代理其轉會；商業性體育賽事代理；體育賽事媒體廣播、廣告的設計與策劃；促進體育設施、器材、設備等的交易；為俱樂部提供資訊、物色運動員；有關體育貿易活動中法律知識的運用等。在從事以上經紀行為時，談判技巧是能否把某個經紀人的內在素質完全外現的一個重要方面。談判是一門技術，更是一門藝術與科學。通過談判，可以溝通各方觀點、感情，達成一個雙方都基本滿意的協議。體育經紀人通過談判，在完成委託方交給自己的任務並獲得佣金的同時，也使市場的需求得到了滿足。談判中常見的策略，如時機運用策略、利益讓步策略、以誠取勝策略等，都是體育經紀人必須借鑑的。

3. 體育性

目前對於經紀人管理，大多數國家都採取頒布資格證書製度，取得經紀人資格證書的人才能從事經紀活動。對於體育經紀人而言，除了通過經紀人資格考試，還得參加體育專業知識考試，合格者才能得到資格證書。所以體育經紀人在掌握經濟專業知識的基礎上，還要具備體育專業知識，是一個懂體育、瞭解競賽規律、比賽知識及對體育領域有深刻認識的人。體育經紀人應掌握體育的本質特點，瞭解體育運動的基本發展規律，熟悉自身業務所涉及運動項目的特點、發展水準、市場狀況和該項目的社會影響，瞭解比賽規則、運動方式，熟悉圈內人員等。

4. 可塑性

體育經紀人的基本素質可通過一定時間的培養和教育獲得提升。目前，中國從事與體育經濟有關的人員的業務水準低，經濟知識面窄，外語水準、計算機應用水準都達不到一定的要求，這使得體育產業很難成為一個真正的經濟實體，也不可能和國際接軌。因此，提高體育經紀人業務水準，就必須重視對體育經紀人的培訓，加強體育經紀人隊伍的建設。

5. 綜合性

在激烈的競爭下，體育經紀人的經營範圍開始呈現多樣化，有談判、諮詢、研究、服務、電視、贊助、推廣等。這就要求體育經紀人的素質不能是單一的，即體育經紀人不僅應具有專業素質，還應富有實踐經驗；既要有嚴密的思維能力，又有能綜合分析問題、解決問題的能力；不僅要掌握基礎性知識（體育哲學、語言學、邏輯學、外語、計算機等）和體育專業知識，還要具備心理學知識、管理學知識、市場學知識、公共關係學知識、法律知識。另外，體育經紀人還要具備多方面的能力，如社交能力、溝通能力、創造能力和談判能力。國際田聯經紀人聯合會秘書長詹寧斯認為，成功的體育經紀人應該具備職業能力、創造能力、適應能力和應變能力。

6. 國際性

體育的國際性特點，決定了體育經紀活動可以超越國界，從而也就使體育經紀人具有了國際性特徵。在一些職業體育發達和經紀人活躍的國家，體育經紀人在繁華本國市場經濟的同時，已經將觸角伸至其他國家和地區，無論是個人經紀人還是集團經紀公司，他們不斷地向外國擴展業務，與外國優秀運動員、體育主辦者及生產企業和商業公司聯繫訂約，表現出顯著的國際化特點。中國體育經紀人目前也表現出國際化的特點，主要表現在職業化的足球、籃球項目，拳擊或散手、田徑、乒乓球等少數項目上。此外，外國運動員轉會到中國俱樂部、中國運動員轉會到外國俱樂部等也體現了體育經紀的國際性特點。

五、體育經紀人的作用

體育經紀人以其獨特的市場「仲介」和「橋樑」作用，以及對體育事業發展的影響，對體育事業健康快速地發展起到了重要作用，其在體育市場中的巨大市場價值是顯而易見的。

體育經紀人主要有四大作用。

1. 極大地方便了運動員

體育經紀人都需要各國際體育組織，如國際足聯、田聯等機構，對其頒發正式的聘任證書，才可以正常運作經營。所以，運動員可以放心地將一切事務委託給經紀人。經紀人大多在世界各地有很長的「觸角」，他們不僅能夠為運動員爭取到足夠多的比賽機會，而且還能把運動員的食宿都安排得妥當有序，比如為隊員爭得出場費、交通費，為隊員辦好簽證及把機票送到隊員手裡，安排機場接送、拉廣告、找贊助，並對隊員進行包裝宣傳等。正如中國著名田徑運動員李彤所說的那樣：「對運動員而言，體育經紀人的作用，就如同擁有一位好教練一樣重要。」

2. 促進了體育職業化和商業化的進程

儘管奧林匹克倡導的是業餘訓練和比賽，但是從當今世界來看，各國體育的職業化和商業化已成為不可避免的事實。職業化的表現形式是聯賽，有聯賽就有轉會問題。而商業化的表現形式是大獎賽、邀請賽，這些都必然需要經紀人為運動員辦理轉會、進行獎金分配和負責其他一些事務性工作。如果沒有經紀人的參與，許多比賽都將告吹。反過來，通過運作，經紀人還可以創造很多的商機、熱點，並吸引廣大民眾積極

參與。如前年在中國成都成功舉辦的「世界女飛人」大賽、在美國舉行的加拿大短跑名將貝利與美國著名運動員強森之間的「世界飛人」大賽。這些帶有濃厚商業色彩的非常規體育比賽，完全是由體育經紀人一手創辦出來的。

  3. 促進了體育運動水準的提高

中國著名田徑教練馮樹勇同志早在幾年前就認識到，中國田徑要想真正走向世界，必須有好的經紀人在當中起到橋樑作用。他認為，田徑運動員只有通過經紀人的運作，多到國際大賽上錘煉，才有可能獲得好的比賽經驗，提高比賽成績。中國要想成為世界體育強國，提高體育運動水準，建立一支高素質的體育經紀人隊伍是一個重要途徑。比如通過經紀人的熱心操辦，成都成功舉辦了「世界女飛人」大賽，國人得以目睹「女飛人」們的風采，中國也因此掀起了短跑熱。當前國內最活躍的是球類經紀人，他們一方面把國外足球運動員引進中國，如大家熟悉的前國安隊的岡波斯、萬達隊的金斯等；另一方面又把國內足球運動員輸出到國外，如在英國踢球的范志毅和孫繼海、到德國去踢球的楊晨。這些「引進」和「送出」對中國足球首次衝出亞洲、打進世界盃決賽起到了很大的作用。

  4. 促進了體育產業化和市場經濟的發展

體育經紀人是隨著市場的發展產生並發展起來的，反過來，體育經紀人又對體育產業化的發展和體育市場的繁榮起著重要的推動作用。體育經紀人是體育市場中不可缺少的一個重要環節。從職業角度來講，體育經紀人可以促進體育產業轉向市場化和社會化。體育經紀人把過去由國家撥款辦理比賽變成社會出資辦理、市場出資辦理，這就是體育產業化的重要表現形式。中國現在的全國足球聯賽、排球聯賽、籃球聯賽等大型職業化賽事，都是因為經紀人的參與才得以順利進行。今後，不僅各類體育賽事，電視轉播、廣告策劃、媒體宣傳，甚至運動員和運動隊的經營管理都離不開經紀人的參與。由此可見，經紀人在體育產業化和市場經濟發展中將會起到越來越重要的作用。

在看到體育經紀人的重要作用的同時，我們也應該看到體育經紀活動中存在的不良現象和缺陷，如無照經紀行為、超越經營範圍行為、簽訂虛假合同損害委託人或相對人利益的行為、採取威逼利誘等手段促成交易的行為、明知委託人或相對人沒有履行合同的能力而為其進行仲介的行為等。此類事件嚴重擾亂了體育市場的秩序，損害了體育經紀人的社會形象，所以，走向規範化的理性軌道是體育經紀人健康發展的必要保證。

六、體育經紀人的職責和權利

(一) 體育經紀人的職責

體育經紀人的職責是指經紀人依照法律或與委託人簽定的協議規定履行一定的行為責任，以保護國家和委託人的權益。

體育經紀人主要有七項職責。

  1. 依法經紀

體育經紀人應該樹立法制觀念，嚴格依法辦事。提供體育仲介服務時，體育經紀人必須遵守國家有關的法律、法規和政策，遵守社會公德，不得損害社會公共利益。體育經紀人的仲介活動必須在國家法律、法規許可的範圍內進行，不得從事國家禁止的服務項目的經紀活動。

2. 誠實介紹

體育經紀人應當坦誠、實在。作為一名合格的體育經紀人，在進行體育經紀活動時，必須就自己所知據實報告給各方當事人，忠實於委託人的利益。經紀人應該以坦誠的態度，及時、如實地向當事人介紹有關情況，提供有關文件，不得隱瞞與經紀事項有關的重要事項。體育經紀人不得以隱瞞與經紀活動有關的重要事項、虛構訂約機會、提供不實資訊、誇大業績等或者以脅迫、賄賂等手段促成交易。

3. 公平仲介

體育經紀人在仲介活動中，應當保持自己的中間人地位，這就要求體育經紀人在經紀活動中要公平對待當事人各方。對於任何一方提出的問題，都要如實回覆。對於任何一方提出的要求，都要如實轉達。不能為了一方利益而採用編造或隱瞞的手段，從而損害另一方的利益。

4. 履行協議

在體育經紀的過程中，體育經紀人應忠實履行合同條款，不得超越合同約定的範圍和期限從事體育經紀活動。體育經紀人不僅要全面地、及時地履行已經在協議中明確約定的己方任務，對於那些合同中雖未做約定，但是根據誠實信用原則，要求自己應盡的協作義務，也應自覺地、善意地履行。

5. 保守秘密

根據誠實信用原則，即使雙方沒有在經紀合同中明確約定，體育經紀人對其委託人也同樣負有保密義務。在合同履行過程中，體育經紀人可能會瞭解或已經瞭解到委託方的商業秘密等。在這種情況下，瞭解他人商業秘密的體育經紀人即負有為委託人保密的義務，不得利用委託人的商業秘密謀取不正當的利益。

6. 依法納稅

體育經紀人應當按照規定建立會計帳冊，編制財務會計報表，保存原始憑證、業務記錄、帳簿和經紀合同3年以上，送有關部門備查，接受工商、稅務等部門的管理和監督，並依法繳納有關稅費。根據中國稅法規定，經紀人或經紀機構應繳納的稅種主要有營業稅、所得稅和個人收入調節稅等。

7. 賠償損失

體育經紀人違法進行經紀，給當事人造成經濟損失的，應當依法承擔相應的賠償責任。

(二) 體育經紀人的權利

經紀人的權利是指在其開展經紀活動的過程中，依照法律和雙方協議規定享有的權力和利益。經紀人的權利受到國際法律的保護。體育經紀人的權利主要包括：

1. 受到國家法律保護的權利

受到國家法律保護的含義，首先是指具有經紀資格的從業人員，依法註冊為體育經紀人後，有權依據有關法規、規章在註冊登記核准的經營範圍內開展體育經紀業務。依法進行的體育經紀活動，受到國家法律保護，任何單位和個人不得非法干預。其次是指經紀人有簽訂經紀合同的權利和依法享有經紀合同中雙方約定的其他一些權利。最後是指體育經紀人在進行體育經紀活動的過程中，其合法權益受到侵害的，可以依法請求司法保護，民事活動中與他人發生爭議時，有申請仲裁的權利和進行訴訟的權利。

2. 獲取報酬的權利

依據等價有償的原則，經紀人有為自己的勞動依法或按合同約定，請求報酬的權利。體育經紀人獲得的報酬即佣金，是合法收入。

3. 請求支付成本費用的權利

根據中國合同法，受託人為處理委託事務墊付必要費用的，委託人應當償還該費用及利息。但這個問題取決於雙方的約定，如果體育經紀人與委託人在經紀合同中達成了費用約定，則體育經紀人有權要求委託人承擔成本費用，否則不得要求委託人承擔該費用。

4. 委託人有違約或詐欺行為時，終止服務的權利

體育經紀人有向委託人瞭解所委託事務真實情況的權利。委託人隱瞞與經紀業務有關的重要事項、提供不實資訊或者要求提供違法服務的，或當體育經紀人發現委託人不具有履約能力時，體育經紀人有中止經紀業務並建議終止經紀合同的權利。

第三節　體育經紀業務

一、體育經紀的概念

體育經紀活動是指圍繞體育活動、體育人才和體育資源開發等，為促成體育組織或個人在體育運動過程中實現其商業目的而從事的居間、行紀或代理，並收取佣金的活動。體育經紀是隨著職業體育的興起而逐步發展起來的，它基於現代職業體育的競爭性、流動性和一體化等三個特點。這些特點為體育經紀的產生和發展開闢了廣闊的空間。

二、體育經紀業務範圍

所謂經紀人的業務範圍，即經紀人的經營範圍，是指國家允許經紀人從事經紀業務的服務項目。它反應經紀業務活動的內容和方向，是經紀人業務活動範圍的法律界限，體現經紀人的民事權利能力和民事行為能力。雖然各國對體育經紀人定義各有不同，但其主要從事的業務活動差別不是很大。在美國，隨著體育日新月異地發展，體育經紀人的業務活動從最早的代理運動員談判薪金合同，到負責運動員大大小小的事務，進而轉為大型商業化比賽的組織和運作，再到包辦企業有關體育投資的策劃和管

理，經營管理範圍越來越廣。在義大利，體育經紀人主要從事運動員的轉會和為運動員管理日常事務，如醫療、保險、聯繫贊助、廣告等。

中國對經紀人進行管理的規章是國家工商行政管理局頒布的《經紀人管理辦法》。據此規定，無論是自然人、法人還是其他經濟組織，只要從事體育經紀活動，其所從事的業務範圍都受到《經紀人管理辦法》以及其他現行法律、法規的調整。體育經紀人只能從事體育產業內的一些居間、行紀和代理活動，並且這些活動不是中國現行法律法規所禁止的行為，也不違反社會秩序、風俗。根據中國體育經紀人的活動情況，體育經紀人的業務範圍主要包括四個方面。

(一) 為運動員做代理

轉會談判、報酬確定、合同簽訂等是體育經紀人的主要業務範圍。經紀人深諳各俱樂部的需求，以及各位明星隊員和有潛質的隊員的特點和情況，為俱樂部和運動員牽線搭橋，安排運動員參加比賽。選擇比賽、制定比賽日程、籌措資金、參賽服務等也是體育經紀人的重要服務領域。其中，合理地選擇和安排比賽最為重要，其既有利於運動員水準的提高與發揮，又能為運動員帶來巨大的經濟效益。安排比賽巡迴間歇的訓練和生活，這不僅要同比賽的組織打交道，而且要與有關體育組織和訓練基地搞好關係。另外，管理運動員繁雜的日常事務，如管理賽事收入和財務收支、安排社會活動、運動員形象開發等，同樣是體育經紀人的代理活動內容。

(二) 推廣體育比賽

體育比賽和體育表演的籌劃和推廣包括電視轉播權、廣告代理、特許使用權開發等。體育經紀人可以全部或部分買斷國際或國內體育組織舉辦的正規比賽，然後通過電視轉播、廣告推銷、爭取贊助等多種管道開發推廣，並最後達到盈利目的。

體育經紀公司賽事推廣服務的主要任務，是替賽事主辦者對賽事的相關權益（如贊助、電視轉播權、門票及紀念品生產與銷售）進行商業推廣或受賽事主辦者委託對賽事進行策劃與包裝並進行經濟運作。經主管機構批准，策劃組織有關賽事或買斷有關賽事（承辦賽事）也是其任務之一。

(三) 包裝運動隊

這是近幾年新出現的體育經紀業務，也是經紀個體運動員的延伸，但工作的內容和方式不同。經紀人通過與贊助商聯繫，獲得運動隊冠名權，使運動隊以某個商家的名義比賽，或在比賽服上打廣告。這樣一方面提高了商家的社會影響，另一方面包裝了運動隊，使運動隊獲得了贊助。運動隊其他無形資產的開發，如比賽轉播權、紀念品開發等，也是體育經紀人應重視的領域。

(四) 其他經紀活動

現代體育經紀活動已不僅限於競技體育，也在逐步滲透到大眾體育、體育經紀等各個方面，如體育贊助、體育保險、體育旅遊等，這為有志從事體育經紀活動者提供了更為廣闊的空間。此外，俱樂部、運動員在訓練、比賽和各種社會活動中，要與各種機構、各種人打交道，難免會出現各種糾紛，其中涉及經濟、法律等多方面的問題，

體育經紀人還可以參與其中，以其豐富的知識、熟練的操作技巧、廣泛的社交活動使糾紛得到妥善解決，或提供有關諮詢。也可作為體育組織的代理，幫助其協調或解決有關的問題、爭端，為其獲取有關資訊、提供訂約機會，以及進行商業方面的開發等。

但由於體育經紀人的組織形式不同，他們在各自從事的經紀事務範圍方面也稍有不同。

個體體育經紀人可接受運動員個人委託，從事下列業務：

（1）代理運動員與體育組織、廣告公司、商品生產經營企業及其他單位進行交易談判；

（2）代辦運動員的財務管理、保險等個人事務；

（3）運動員形象策劃和開發；

（4）安排運動員參與表演或比賽；

（5）其他事務。

個體體育經紀人從事經紀業務時必須向運動員出示營業執照（副本），以及通過體育行政管理部門和工商行政管理部門年檢的有效的體育經紀資格證書。一般來說，個體體育經紀人不能接受體育組織委託從事體育經紀活動，不能從事有關體育競賽和體育表演的經紀活動。

體育經紀人事務所、體育經紀公司可以從事下列體育經紀活動：

（1）接受運動員個人委託的體育經紀活動；

（2）接受體育組織委託的體育經紀活動；

（3）接受委託從事有關體育競賽和體育表演活動的經紀活動；

（4）其他事務。

體育經紀人事務所、體育經紀公司統一對外接受委託，收取佣金，其業務人員不得以個人名義對外接受委託從事體育經紀活動。體育經紀機構人員從事經紀業務時，必須出示單位授權委託和本人的通過體育行政管理部門和工商行政管理部門年檢的有效的體育經紀資格證書。

隨著體育產業的不斷拓展，體育經紀人的業務範圍也將不斷擴大，主要表現在：籌集資金，尋找贊助；收集體育市場資訊，為體育企業的決策層提供參考意見，以生產並投放市場暢銷的體育產品；尋找體育市場商機，對國際、國內重大比賽進行有償服務；瞭解國際群眾體育發展動態，開創設立群眾喜歡的體育娛樂項目，創造新的經濟增長點；為運動員尋找出國發展、轉會、上學、就業的機會，拓寬就業管道；瞭解國際競技體育最新的比賽規則、發展動態趨勢、國際上將要組織的各種比賽；負責處理比賽期間由體育貿易活動所引起的法律上的爭執。其實，在體育經紀人的實際工作中，其所做的工作可以說是事無鉅細、面面俱到。

三、中國體育經紀人的數量及存在形式

中國體育經紀人數量不多，主要集中在北京、上海、廣州等經濟比較發達、體育市場行情較好的幾個大城市。在對客戶群體進行的關於所接觸的體育經紀類型的調查中發現，中國體育經紀人的組織形式多為廣告公司，其次為公關公司，接下來按順序

依次為文化傳播公司、諮詢公司、體育經紀公司和個體體育經紀人。據此可以說明，中國現階段專業的體育經紀人較少，大部分為兼營體育經紀業務的廣告公司和公關公司。就國外的體育經紀市場而言，存在最多的是專業的體育經紀公司，其次是公關公司，接下來是廣告公司、文化傳播公司、諮詢公司。通過對比可看出，由於中國的體育經紀業起步較晚，整個市場相對混亂，體育經紀事務的市場開發依然膚淺。就單純的體育經紀人組織形式來看，公司法人是中國體育經紀人的主要組織形式，個體經紀人的組織形式次之，合夥經紀人的組織形式相對較少。而公司法人性質的體育經紀人組織形式絕大部分是由國有經濟或集體經濟投資設立的，如北京市老隊員體育經紀有限責任公司等。相對於個體體育經紀人和合夥體育經紀人而言，公司性質的體育經紀人在競爭實力、人力資源等方面都要更勝一籌。

目前中國體育經紀人按不同的標準主要分為以下幾種存在方式：一是以組織形式存在的體育個體經紀人和體育經紀公司以及一批兼營機構，二是以職業特徵存在的專營體育經紀人和兼營體育經紀人，三是以客戶性質存在的運動員經紀人、體育組織經紀人和體育競賽經紀人等。

四、中國體育經紀的發展現狀

體育經紀在中國是改革開放後的產物，在20世紀80年代初有了萌芽。自20世紀90年代以來，特別是中國足球職業化後，體育經紀在中國則有了快速的發展，體育經紀的規模、政策法規、組織機構以及贊助的策劃等均有了許多可喜的成就。這主要表現在：體育經紀增長速度較快、規模較大；體育經紀的法制初步形成；體育經紀工作的組織管理機構初步明確。

目前，體育經紀人在國內已經成為一種新興的產業。國家體育總局副局長張發強曾經將體育比喻成一輛汽車，而體育界、企業界、媒體和仲介就是這輛車不可缺少的四個車輪。其中，體育仲介的主流就是體育經紀人。但是從發展情況來看，中國的體育經紀產業與國外同行相比還顯得十分稚嫩。

由於中國市場經濟的推進和職業體育（如足球職業化）的拉動，在政府、體協、明星、賽事組織者、企業客戶、媒體等的共同努力下，體育經紀人在中國已經具備基本的業務環境條件，這些環境條件之所以冠之「基本」兩字，緣於各相關角色對體育經紀人的認知程度和依賴深度距世界先進水準還存在較大差距。對中國體育市場裡的體育經紀人來說，二十多年的發展道路充滿了坎坷和艱辛，昔日耀眼的名字，如正奧、香港精英等，已逐漸被人遺忘。同時也有一些新的名字，如Octagon強勢出現。還有更多的，如北京的梅瓏、高德、中籃、中體經紀，廣東的鴻天，上海的希望國際等，它們在人們的不經意中緩步前進，逐步擴張。

然而，由於中國體育產業化過程開始較晚，加之受傳統計劃經濟體制觀念的束縛，體育經紀的發展在中國存在著不少令人擔憂的問題。

（一）中國現行的體育體制在某些方面還不適應體育經紀人的發展

由於中國體育市場尚處於發展初期，市場體系不健全，體育要素市場沒有開放，

體育經紀人活動受到限制。很多時候，很多項目還是由體協在經營。中國運動項目協會同時承擔著政府職能、事業發展、社團管理三重職責的特殊角色任務，項目協會管理、辦理、經營同時存在的狀況還將持續相當長的一段時間，這種狀況使得項目協辦能夠在體育賽事市場中壟斷性地佔有相當大的市場比例。由產業壟斷、項目壟斷造成體育市場的不公平競爭，抑制了體育經紀人發揮作用的積極性及其功能的時效性。同時，現行體制下中國體育界的特殊問題，如產權關係不明晰、體育資產評估無科學標準等，也影響到體育經紀活動的規範運作。

（二）市場資訊不靈

由於不同體育經紀人在地域、專業、人際關係等方面存有較大差距，這種差距造成了體育經紀人的仲介價值。仲介價值的產生基礎是經紀人能夠掌握大量的相關資訊，但目前，中國缺乏權威、有質量、多內容的體育市場資訊平臺，沒有靈通的體育市場資訊交流，這就難以提升體育經紀人及其活動的市場價值。在體育經紀人的活動中，另外一個問題是調查數據瓶頸常常難以突破。體育經紀活動的重要目標之一是追求企業市場宣傳效果。在這方面，體育活動、明星人物在某種程度上發揮了近似媒體的作用，面臨的也是媒體的競爭。在這種競爭中，目標群體的產品選擇動機、宣傳效果的評價數據無疑是最有力的說服手段。媒體相關數據調查機構（如央視調查）給媒體競爭以數據支撐，而體育經紀卻沒有這類支持，追求嘗試、追求轟動難以使企業產生持久的熱情，因此調查數據瓶頸降低了體育經紀業務的市場競爭力，阻礙了中國體育經紀市場的發展。

（三）中國體育經紀活動的運作水準低下

體育經紀活動作為體育市場的仲介與橋樑，常涉及多種專業知識，如體育、經濟、法律、廣告、行銷、公關等，從業人員必須具備相應的條件，這包括較高的素質、廣博的知識和全面的能力。在基本素質方面，他們應該具有強烈的事業心與責任感；能夠正確認識自己，有強烈的自信心和克服困難的堅強意志；性格開朗，容易與人打交道；情緒穩定不易急躁、不衝動。在知識方面，他們應該具備體育專業知識、管理學知識、市場學知識、公共關係學知識、法律知識等。另外他們還須具備社交能力、溝通能力、創造能力和談判能力。這些綜合素質是一個體育經紀從業人員不可缺少的，因為他們的素質會影響到整個體育業的發展。

（四）體育經紀人管理製度不健全

目前對體育經紀人還未實行全國統一管理，各地相關管理還不完善，沒有建立起體育經紀人協會這樣的自律組織，這使得無論是在規範體育經紀人行為方面，還是在保護體育經紀人的利益方面，都難有法度可依。在中國當前的體育經紀人管理製度下，還存在合同、佣金無人檢查的情況，甚至出現不講信譽、不講職業道德的黑市經紀活動。經紀人亂收費或被甩的現象時有發生，商家、企業被騙打官司現象也屢見不鮮。另外，國家有關經紀人的法規正在試行之中，但體育產業的特殊規範仍是空白。無法可依也造成了體育經紀人管理上的空白，有關方面在管理權限上沒有清晰界限。相應

的管理製度缺乏，影響了體育經紀活動的發展。

第十三章　勞動力經紀人

第一節　勞動力市場

勞動力市場，又稱人才市場、勞務市場、就業市場等，是指勞動力交換的場所，以及這種交換關係的總和。

一、中國勞動力市場現狀

1. 勞動力市場供求矛盾突出

中國是世界上勞動力資源最豐富的國家。在未來幾十年內，中國每年將新增勞動力 700 萬左右，同時，農村約有 2 億剩餘勞動力。按照農村人口城市化每年增長 1% 計算，農村勞動力每年向城市轉移約 1,000 萬人，而在經濟每年增長 8%～9% 的情況下，每年新增就業崗位 800 萬～900 萬個。因此，城鎮約有 1,000 萬以上的勞動力得不到工作崗位。根據國際勞工組織資料，2014 年全球勞動力市場失業率約為 6.1%，中國 2014 年的實際失業率約為 6.3%，中國將長期面臨就業壓力。

2. 勞動力總體素質低下

中國的技能型人才，特別是高技能型人才總量嚴重不足。勞動力總體素質不能適應產業結構調整和提升的需要，「有人沒活幹和有活沒人幹」，就業的結構性矛盾突出，成為制約就業擴大的一個主要原因。

3. 流動就業規模巨大

中國目前流動就業人數在 1.2 億人以上，流動就業的人員大多數是農民工。其中跨省流動就業人數約 6,000 萬人，約占全部流動就業人數的一半。絕大多數流動就業人員進入城鎮就業，占城鎮全部從業人員的近 40%。目前農民工占加工製造業職工總數的近 60%、建築業的 80%、服務業的近 50%，這種流動就業是在中國特殊的城鄉分割和地區分割製度下形成的一種特殊的農村多餘勞動力轉移就業方式，其最大特點和問題，一是農民工長期處於「候鳥式」流動就業狀態；二是由於城鄉和地區分治，進城農民工難以實現與城市人平等的勞動權益和社會保護。建立城鄉統一的勞動力市場，推進中國城市化進程的健康發展，是我們面臨的一項艱鉅任務。

4. 勞動力經紀業不夠發達

改革開放以來，在中國勞動力市場中，城鎮的職業介紹所等仲介組織雖然有了一定程度的發展，但從整體上看還不發達。廣大農村地區基本上沒有建立職業介紹服務體系，城鎮職業介紹等市場仲介組織運行極不規範，各種類型的職業介紹機構基本處

於分割狀態，其許多職能仍掌握在勞動行政部門手中，功能小、服務面窄，致使勞動力市場不能提供包括就業諮詢、職業培訓和社會保障在內的一整套服務，因而離實現勞動力資源市場化配置的要求相距甚遠。尤其在職業介紹方面，由於受管理體制、資訊來源和統計分析手段落後的影響，對勞動力供求、結構變換及發展趨勢等資訊的收集、整理與發布不夠及時和準確，不僅難以為勞動力供求雙方在較大的領域內實現相互選擇提供服務，而且不能起到引導勞動力資源優化配置的導向作用。

二、勞動力市場的特點與作用

（一）勞動力市場的特點

勞動力市場與其他物質生產要素市場的根本區別在於，勞動力永遠附著在勞動者身上，勞動力和勞動者是客體與主體的有機統一。因此，在勞動力市場上的勞動力所有權並沒有隨市場交易而發生轉移，所發生的僅是勞動力支配權的轉移。

1. 勞動力市場供求關係存在於整體社會生產過程中

即使是脫離生產過程，勞動者仍要生存，社會、企業單位也必須給予適當的福利性照顧，因而這種關係維繫時間長，各種影響因素很多。

2. 勞動力的生產週期長，培育費用高

中國的《勞動法》規定，勞動者必須年滿18歲才有資格從事各種各類的具體勞動。因此，現實勞動力的培養需要很長的時間。不僅如此，還需要投入較高的培養和教育費用。有資料顯示，培養一個技術工人，從小學到技校畢業，一般需12年時間；而培養一個具有專門業務知識和技能的政府工作人員、大學教師、科研人員、醫生、藝術家，從小學到大學畢業需要16~17年時間；如果是高層次幹部和專家，還需更長的培養時間（碩士19~20年，博士21~22年）。從培養費用上來看，培養一個技術工人需要3,000~5,000元，培養一個大學畢業生需2萬多元（僅指學費），而培養一個碩士或博士的費用大約需要3萬~5萬元（僅指學費）。可見，勞動力的生產週期和培養教育費用遠遠長於或高於其他物質生產要素的生產週期和費用。

3. 勞動力市場的競爭遵循優勝劣汰的規律

在勞動力市場競爭中，強者優先被用人單位選擇上崗，而弱者往往連工作、生活都會有問題。因此，政府、社會必須通過宏觀調控政策，對勞動者給予保護、幫助、培訓、指導，以提高其職業素質和就業能力。特別是在勞動力市場供大於求的情況下，要通過就業訓練這個「蓄水池」把勞動力儲存起來，對勞動人員進行有針對性的培訓，提高其素質。當勞動力市場出現新的要求時，可及時為用人單位提供素質合格的勞動者。由此可見，雖然勞動力的市場調節占主導地位，但政府也扮演了非常重要的角色。

4. 勞動力市場上調節供求關係的主要槓桿是工資

工資作為勞動力商品的價格，是調節勞動力市場供求關係的槓桿，從而促進勞動力市場健康發展，保持勞動關係協調，為經濟發展創造良好的條件。

（二）發展勞動力市場的作用

勞動力資源是中國最豐富的資源，開發利用並合理配置勞動力資源，建立和完善

符合國情與國際慣例的勞動力市場就業機制，在中國就顯得尤為重要。

1. 發展勞動力市場，是解決中國就業問題的戰略措施

當前及今後相當長一段時期內，我們將持續面臨勞動力供大於求的矛盾。從勞動力供給看，中國的就業壓力很大；從勞動力的需求看，國有和集體企業就業需求明顯不足，不僅不能擴大就業，反而還有大量多餘人員釋放出來。因此，勞動力市場的發展和市場就業機制的形成，是解決中國就業問題的戰略措施。

2. 發展勞動力市場，可從根本上處理好國家、企業單位與勞動者之間的關係

企業單位和勞動者在勞動關係中處於主體平等的地位。按照市場機制運行規律，國家應成為市場運行的監督者、協調者和服務者，對勞動資源實行市場配置，更好地發揮企業單位和勞動者雙方的積極性、主動性，從而有力地推動社會生產和各項事業發展。因此，培育、發展勞動力市場，可以從根本上處理好國家、企業單位與勞動者之間的關係。

三、勞動力市場的類型

（一）按照勞務服務內容可分為專業勞務市場和綜合勞務市場

1. 專業勞務市場

專業勞務市場是以服務項目單一的仲介機構為主體的市場。專業勞務市場針對性較強，供需雙方可以直接面對面地進行交流和溝通，其成功率較高，但因其專業性強而使其涉及面相對較窄；專業勞務市場又是綜合勞務市場建立和發展的必要前提和重要基礎。目前，中國一些大中城市相繼出現的綜合勞務市場就是在專業勞務市場建立發展的基礎上形成的。

2. 綜合勞務市場

綜合勞務市場是多種服務項目相對集中的市場。綜合勞務市場的功能比較完善，服務項目也較為齊全。它既能為供需雙方提供系統的勞務市場仲介服務，又可以匯集市場上的綜合資訊，對勞動力供求構成及發展趨勢進行預測，從而對各專業市場和其他形式的勞務活動進行指導，還便於組織較大規模的綜合性勞務交流活動，極大地加強和促進了地區之間、產業之間以及企業之間的聯繫與勞務合作。

（二）按照勞務服務性質可劃分為體力型勞務市場和智力型勞務市場

1. 體力型勞務市場

體力型勞務市場是以初級勞動（即簡單勞動）為主體的市場。其形式主要有：一般勞務服務、一般性技工服務、普通勞動力流動、民間工匠流動、加工性勞務承包、勞動力調劑以及家庭服務等。

體力型勞務市場是中國當前解決廣泛就業的一條重要管道，也是某些特殊生產產業如建築、運輸、煤礦等需要大量簡單勞動的產業調度人力的重要途徑。同時，體力型勞務市場還為農村剩餘勞動力的轉移提供了指導和幫助，並且在很大程度上促進了城鎮勞動力素質的提高和勞動力市場的健康發展。

2. 智力型勞務市場

智力型勞務市場又稱人才市場，主要是以高技術、高知識人才進行的勞務活動和交流為主的市場。其形式主要有：人才流動、技術諮詢、技術承包、技工交流、技術培訓、技術人員兼職、星期天工程師等。

智力型勞動市場的勞動者主要涉及科技幹部和技術工人。其中，科技幹部的流動與交流要通過人事管理部門組織的人才交流機構來進行；技術工人的流動與交流可以通過勞動管理部門實現。由於智力型勞務市場上的勞務服務活動主要是科技部門參與和提供的，因此，智力型勞務市場還離不開技術市場的支持與配合，是技術市場與勞務市場相互滲透的結果，涉及多個主管部門。智力型勞務市場是企業等用人單位獲取技術人才資源以及科技人員合理流動、實現其價值的重要管道，這一管道的疏通在很大程度上緩解了中國技術人才資源不足的現狀，有力地推動和促進了中國高技術、高科技、知識密集型產業與產業的發展，對於加快中國的產業結構調整升級、實現科技人才與其他資源的合理配置起著重要而積極的作用。

(三) 按照組織模式可劃分為國家勞務市場、民辦勞務市場和自由勞務市場

1. 國家勞務市場

國家勞務市場是指由各級政府及其勞動、人事部門直接組織和領導的市場，它的組織機構包括職業介紹、就業培訓、人才交流中心和國有大中型企業勞動人事部門等。國家勞務市場是中國勞務市場的主體，是勞務商品流通的主管道。其主要職能有：為供需雙方提供資訊，促進各類勞務人員的合理流動和人才的正常交流；開展各種類型、各種形式的勞務合作，滿足企業等用人單位的招工、用工需求。

2. 民辦勞務市場

民辦勞務市場是指由企業單位及城鎮區街、農村區鄉以及一些社會團體和私人創辦的各種勞動服務公司或各種勞動服務組織的總和。民辦勞務市場的主要任務是：向街道、鄉鎮企業提供勞務資源；一般企業勞動力的調度流動；提供專項勞動服務，開闢新的就業管道；完成國家市場的組織機構或勞動、人事部門委託的任務。民辦勞務市場是國家勞務市場的重要的配套形式，在國家市場不便於或沒有必要解決的問題以及向社會提供靈活多樣的服務方面，有其獨特的作用。它所從事的各項業務活動必須在勞動管理部門和國家各項管理措施的指導與控制下進行。

3. 自由勞務市場

自由勞務市場是指由供需雙方直接洽談協商的各種零星勞務服務交流與活動的場所。它具有分散、靈活、範圍廣的特點，在滿足城鎮居民日常生活服務和隨時人力需求方面有著較大的活動空間，是國家勞務市場和民辦勞務市場的必要補充，可以起到拾遺補闕的作用。

第二節　勞動力經紀人

一、勞動力經紀人概念

勞動力經紀人是指為勞動力供求雙方提供居間或代理服務並收取佣金的公民、企業法人和其他經紀組織。在中國勞動力市場中，勞動力經紀人主要是各類職業介紹機構。勞動力市場主要通過勞動力供求資訊來引導勞動力的流動。由於勞動力供求資訊相對分散，使得供需之間不能有效地銜接，因此，必須有勞動力經紀人作為仲介，對供需資訊進行專門的收集、加工，並為供需雙方提供居間或代理服務，從而使勞動力資源得到有效的分配和利用。

中國的勞動力經紀人是隨著中國社會主義市場經濟的發展而逐步形成和發展起來的。隨著中國社會主義市場經濟的發展以及產業結構的調整、升級和換代，城市出現了大批的下崗工人，他們面臨著再就業的問題。與此同時，大量的農村多餘勞動力也紛紛湧向城市和發達地區，每年還有大量的大學畢業生需要就業和擇業，因此，中國存在著巨大的就業壓力，而且這種狀況會持續相當長的一段時期。要緩解這一壓力，除了國家和各級政府部門制定相應的政策與採取相應的措施以外，通過市場途徑解決供求矛盾就成為大勢所趨。正是在這樣的背景下，中國的勞動力經紀人逐步發展起來，並在經濟運行中發揮著重要的作用。

二、勞動力經紀人組織的分類

在中國勞動力市場上從事職業仲介工作的主要組織有四類。

(一) 人才流動服務中心

1. 人才流動服務中心的職能

人才流動服務中心主要是為了促進專業人員合理流動和調劑人才的餘缺而發展起來的，其職能主要有：

(1) 提供人才智力資訊服務；

(2) 調節人才結構，妥善綜合人才開發；

(3) 開展人才培訓和職業測評服務；

(4) 代理委託保管檔案和社會保障事務業務。

2. 人才流動服務中心的形式

人才流動服務中心的形式主要有日常型和市集型兩種。

(1) 日常型人才市場。日常型人才市場有固定的場所，開展經常性的人才交流服務。其主要業務有：接待用人單位和各類人才的來信來訪；辦理求職登記、職業介紹、人事檔案管理、資訊儲存、人才培訓等工作。

(2) 市集型人才市場。市集型人才市場通過定期舉辦人才交流大會、交易會、洽談會等來組織人才交流，主要為完成某項特殊任務而舉辦，如大中專畢業生落實就業

單位等。

(二) 內資職業介紹機構

內資職業介紹機構是勞動力市場的仲介服務組織，是為用人單位和勞動者雙向選擇提供資訊、場地、諮詢、指導、登記和有關代理等服務的工作機構。中國目前的職業介紹機構既有由勞動保障部門主辦的，也有由其他組織和公民個人承辦的。除國家有特別規定的以外，法人、其他組織和公民都可以依法開辦職業介紹機構。

1. 內資職業介紹機構的業務內容

（1）為求職者求職和用人單位招用人員進行登記；

（2）為求職者提供用人資訊、就業指導、求職諮詢和介紹用人單位等服務；

（3）為用人單位提供勞動力資源資訊、招用方法、國家規定的招用標準等諮詢服務和推薦求職者；

（4）指導當事人依法簽訂勞動合同；

（5）向社會提供勞動力的供需、報酬等資訊；

（6）開展互聯網職業資訊服務；

（7）經勞動保障行政部門批准組織招聘洽談會；

（8）經勞動保障行政部門核准的其他服務項目。

2. 內資職業介紹機構的禁區

內資職業介紹機構必須依法從事職業介紹活動，不得有下列行為：

（1）超出核准的職業介紹業務範圍；

（2）提供虛假資訊；

（3）為未滿16周歲的未成年人介紹職業；

（4）超標準收費；

（5）為無合法證照的用人單位或者無合法身分證件的求職者進行職業介紹活動；

（6）為求職者介紹法律、法規禁止從事的職業；

（7）以暴力、脅迫、詐欺等方式進行職業介紹活動；

（8）偽造、塗改、轉讓有關批准文件。

3. 內資職業介紹機構的類型

內資職業介紹機構分為營利性職業介紹機構和非營利性職業介紹機構。其中，非營利性職業介紹機構包括公共職業介紹機構和其他非營利性職業介紹機構。

（1）公共職業介紹機構。公共職業介紹機構是指由各級勞動保障行政部門舉辦並承擔公共就業服務職能的公益性服務機構。公共職業介紹機構使用全國統一標示。公共職業介紹機構免費提供以下服務：

①向求職者和用人單位提供勞動保障政策法規諮詢服務。

②向失業人員和特殊服務對象提供職業指導和職業介紹。其中，特殊服務對象是指殘疾人、享受當地最低生活保障待遇的人員、退出現役的軍人和隨軍家屬、當地政府規定的其他就業困難人員或需特別照顧的人員。

③推薦需要培訓的失業人員和特殊服務對象參加免費或部分免費的培訓。

④在服務場所公開發布當地崗位空缺資訊、職業供求分析資訊、勞動力市場工資指導價位資訊和職業培訓資訊。

⑤辦理失業登記、就業登記、錄用和終止、解除勞動關係備案等項事務。

⑥勞動保障行政部門指定的其他有關服務。

（2）營利性職業介紹機構。營利性職業介紹機構，是指由法人、其他組織和公民個人開辦，從事營利性職業介紹活動的服務機構。

開辦營利性職業仲介機構或者兼辦職業仲介業務的，應當具備下列條件：

①有明確的機構名稱、章程、業務範圍和管理製度；

②有與所開展業務相適應的固定場所、資金和設施；

③有2名以上熟悉勞動法律、法規和政策業務並經勞動保障行政部門考核合格的職業仲介經紀人員；

④法律、法規規定的其他條件。

（三）外資職業介紹機構

設立中外合資、中外合作職業介紹機構應當經省級人民政府勞動保障行政部門和省級人民政府外經貿行政部門批准，並到企業住所地工商行政管理部門進行登記註冊。除此之外，申請設立中外合資、中外合作職業介紹機構還應當具備下列條件：

（1）申請設立中外合資、中外合作職業介紹機構的外方投資者是從事職業介紹的法人，在註冊國有開展職業介紹服務的經歷，並具有良好的信譽。

（2）申請設立中外合資、中外合作職業介紹機構的中方投資者是具有從事職業介紹資格的法人，並具有良好的信譽。

（3）擬設立的中外合資、中外合作職業介紹機構應具有不低於30萬美元的註冊資本，並至少有3名以上具備職業介紹資格的專職工作人員。該機構必須有明確的業務範圍、機構章程、管理製度，擁有與開展業務相適應的固定場所、辦公設施，主要經營者應具有職業介紹服務的工作經歷。

（四）境外就業仲介機構

隨著中國對外交流的不斷加強，居民因私出境探親、留學、定居和經商等活動的人數不斷增多。為了方便居民的出境活動，一批出境仲介機構相應成立。在這些出境仲介機構中，境外就業仲介機構占據十分重要的地位。

三、勞動力經紀人的任職資格

根據有關法律、法規和政策製度，對從事職業仲介業務的勞動力經紀人的任職資格有如下規定：

（1）有較強的事業心、責任感，熱愛職業仲介工作；

（2）熟悉有關勞動就業的法規與政策，掌握勞動力市場供求，瞭解職業分類和職業特徵；

（3）具有與職業仲介工作相關的心理、教育、社會等學科知識；

（4）具有相應的文化水準；

（5）經過相應法律、法規和政策業務培訓並考核合格，持有相應的資質證書。

四、勞動力經紀人的主要職能

勞動力經紀人主要從事職業仲介業務。職業仲介業務包括收集、發布職業供求資訊，為用人單位招聘人員，為勞動者求職提供仲介服務，溝通供求雙方的相互聯繫，縮短求職、招聘時間，並通過資訊發布調節勞動力市場供求關係。其主要職責有相關法規宣傳、提供業務諮詢、就業指導、用人指導、創業指導、協同服務等。

1. 相關法規宣傳

勞動力經紀人要向求職的勞動者宣傳國家有關勞動就業的法律、法規和有關政策，使他們瞭解、熟悉國家的有關法律、法規和政策，並把它們運用到求職、招聘的雙向選擇中，指導供需雙方依法辦事，強化雙方的法制觀念。

2. 提供業務諮詢

勞動力經紀人應向求職的勞動者和用人單位提供本地區有關諮詢服務，協調勞動力供求雙方的相互關係，組織求職的勞動者和用人單位開展各種形式的交流活動，加深雙方的相互瞭解，提高職業介紹工作的效率。

3. 就業指導

勞動力經紀人要指導求職勞動者依法確定勞動關係，維護自身的合法權益；開展針對勞動者自身素質和個人特點的各種科學的測試工作，並對其職業能力進行評定，使其能夠準確地把握自身特點和條件，選擇合適的職業；幫助勞動者瞭解社會的職業分類和本地區的職業現狀，掌握具體的求職方法，確定選擇職業的方向，增強就業能力，並根據本地區職業分佈狀況和勞動者個人特點為其提出培訓建議，為婦女、殘疾人、少數民族人員以及轉業、退伍軍人等特殊人員群體提供專門的職業指導服務。

4. 用人指導

勞動力經紀人還應當指導用人單位瞭解、掌握和選擇招聘方法，確定用人條件和標準。

5. 創業指導

勞動力經紀人對從事個體勞動和開辦私營企業的勞動者，應提供開業和生產經營方面的諮詢服務。

6. 協同服務

勞動力經紀人還要負責就業管理、失業管理和就業訓練等方面的工作，督促招用人員單位及時辦理錄用登記備案和社會保險，並對就業訓練機構的培訓方向、訓練規模及專業設置等提供指導。

第三節　勞動力經紀業務

一、勞動力經紀業務類型

1. 就業經紀

就業是勞動力資源得到利用的最主要形式。在市場經濟條件下，職業的選擇過程主要是通過勞動者尋找合適的工作和雇主招聘合適的勞動者來體現的。勞動力經紀人掌握著充分的企業對勞動力的需求資訊和大量勞動力供給的資訊，其仲介活動可大大提高就業的效率。

2. 臨時用工經紀

在現實生活中，企業和家庭臨時用工的形式很多，既有幾個月或幾周的短期用工，也有幾個小時的鐘點工，還有一些突擊項目的臨時用工等。臨時用工的臨時性和短期性，使得用工單位一般不願意花費太多的時間和精力去挑選勞動力，而臨時工作人員也不願專門去尋求一個短期的工作單位。這當中勞動力經紀人的用武之地很大。

3. 勞務輸送經紀

隨著經濟活動的開放程度日益增加，地區間、國際的勞務流動也越來越頻繁。由於受距離、自然條件、社會製度、經濟差異、文化習俗等限制，需要大量勞務的單位很難瞭解哪個地區或國家能夠提供合適的勞務人員，而有大量剩餘勞動力的地區或國家又很難掌握勞務需求方的情況，因此，勞動力經紀人在勞務輸入或輸出方面，可以發揮其重要作用。

二、勞動力經紀業務流程

1. 勞動力市場環境調查

（1）宏觀環境調查。宏觀環境因素雖然是間接影響因素，卻是勞動力經紀業務的大背景，其影響持久而深刻。在開展勞動力經紀業務之前，就應該對宏觀環境進行調查，例如對國家經濟發展規劃認真研讀，對國家每年的經濟工作重心了然於心，對產業結構的調整和區域開發政策給予重視，這些都會從全局上影響勞動力的供求關係。與此同時，經紀人需要對所服務地區的經濟結構、勞動力流向、城市發展規劃等進行調研。涉外勞務的經紀人還需要關心所服務國家的政治環境變化、勞務政策的變化和經濟環境的變化。

（2）微觀環境調查。微觀環境因素對勞動力經紀業務產生直接的影響。經紀人需要對自己所服務的目標市場的微觀環境保持敏感，及時進行調查和建檔，包括目標市場內企業的分佈、產業發展、地區勞動力的數量和質量等。

2. 勞動力供需資訊的收集整理

（1）勞動力供給的資訊。勞動力供給是指一個經濟體在某一段時間中可以獲得的勞動者願意提供的勞動能力的總和。對勞動力供給資訊的收集，一方面，可以借助公

共媒體和資源。例如，多關注人力資源與社會保障部以及各省、市發布的「勞動力市場職業供求狀況」的相關分析報告。人力資源與社會保障部每季度都會對全國多個大城市的用工情況進行調查統計，各省市每季度也會有類似的報告。另一方面，對更細化的地方性勞動力供給資訊，也要投入力量進行細緻的調研活動，以得到更精確和更及時的第一手資料，並開展建檔工作。

（2）勞動力需求的資訊。經濟學上的勞動力需求是指在某一特定時期內，在某種工資率下願意並能夠雇傭的勞動量。不過勞動力經紀人所要瞭解的勞動力需求資訊比這個定義要寬泛得多。勞動力經紀人需要掌握有勞動力需求的單位、崗位、數量，以及學歷技能要求、聘用條件等，並對這些詳盡的資訊分門別類地進行整理和歸檔，因為它們都有可能成為下一筆業務的線索。其中，很重要又很容易被忽略的是崗位分析。崗位分析本來是人力資源管理的一個重要環節，但在勞動力經紀業務中同樣可以應用。它主要是為了解決以下6個重要問題：

工作的內容是什麼（what）？由誰來完成（who）？什麼時候完成工作（when）？在哪裡完成（where）？怎樣完成此項工作（how）？為什麼要完成此工作（why）？

好的崗位分析可以幫助經紀人為勞動力的需求方找到合適的供給方，或者為供給方盡快地尋找到合適的需求方。

3. 溝通供需雙方

在準確把握市場環境因素和詳細掌握供需雙方的資訊後，就可以根據具體情況進行供需雙方的溝通了。溝通之前往往有一個通過各種管道發布資訊和等待回應的過程。這個環節是勞動力經紀活動的關鍵環節，供需雙方的溝通做得及時精準，就能高效地促成勞動力交易。

當然，這種溝通可能是自主地運用手頭上的供需資訊去尋找合適的買方或賣方，也可能是建立在接受委託的基礎上。

4. 組織勞動力

在為委託人尋找合適的相對方以促成供需雙方達成勞務協議時，就要開始組織勞動力。這個環節包括集中、筆試、面試、篩選、供需見面等。如果是跨地區或對外勞務派遣，這個環節會更複雜，還會有辦理手續、聯繫運送、食宿安排等事務。

5. 勞動力培訓

在較大型的勞務經紀業務中，經紀人可能還需要按照用人單位的要求，對勞務人員進行培訓。根據單位要求，勞務培訓可以分為專業培訓、崗位培訓、技能培訓等。承接培訓業務，對經紀公司的要求較高，培訓質量的高低也對未來業務的影響較大。

6. 辦理手續、簽訂合同

在跨地區尤其是跨國的勞務輸送中，手續尤其繁雜，涉及聘用合同、留職停薪、體檢、勞務保證、辦理護照、申辦簽證、辦理出境卡、購買機票等事務。在一般的勞動力經紀業務中，當然也會有手續與合同問題。

7. 勞動力輸送

經紀人協助簽訂合同、辦理手續後，必要時還要負責勞動力的輸送，保障勞動者的安全，最終將其交付給用人單位。

8. 跟蹤與反饋

經紀人應該為已經辦理過的勞動力經紀業務建立詳盡完善的檔案。同時，還要進產業務跟蹤，一方面是因為可能會有一些後續問題，甚至是糾紛需要處理；另一方面是為了及時獲得反饋資訊，為以後的業務做修正，或為後續業務做準備。

第十四章　農村經紀人

第一節　農村經紀人

一、農村經紀人的概念

　　國家實行改革開放政策後，放寬了農產品統購統銷的政策，一些聰明能幹、膽子大的農村人開始了「提籃叫賣」等活動，他們肩挑手提，出售自家生產的農副產品。有時東西好賣，自家田地裡又不夠賣，自然就會收購其他農民家裡的農產品來賣。這樣一來，不僅嘗到了賣農副產品賺錢的甜頭，還累積了一些做買賣的經驗，掌握了市場的行情，也取得了一些農民的信任，不知不覺中走上了經紀人的道路。他們就是我們所講的農村經紀人。

　　農村經紀人是指活躍在與農業、農村、農民密切相關的經濟領域，以農副產品、農民多餘勞動力、農業生產資料、農業科技等為經紀對象，通過居間、行紀代理等不同經紀方式，為促成他人交易提供仲介服務，並獲取不同形式收益的自然人、法人和其他經紀組織。簡單地說，農村經紀人和房產經紀人、明星經紀人一樣，充當著買賣雙方「中間人」的角色。

二、農村經紀人的分類

（一）按照經營方式劃分

　　1. 仲介經紀人

　　仲介經紀人指為交易雙方提供市場資訊、交易條件以及媒介聯繫和撮合雙方交易成功的經紀人。

　　例如，河南的老王從報紙上瞭解到北京有一家醬菜公司需要大量的大蒜，老王鄰近的村子最近剛剛收穫了很多大蒜，鄉親們正愁賣不出去，於是老王就聯繫上這家醬菜公司，這家醬菜公司決定利用老王的庭院收購大蒜。老王為醬菜公司提供了市場資訊，又為醬菜公司提供了交易場所，所以老王要收取居間活動的佣金。

　　2. 行紀經紀人

　　行紀經紀人指受委託人的委託，以自己的名義與第三者進行交易，並承擔規定的法律責任的經紀人。

　　3. 代理經紀人

　　代理經紀人指在委託權限內，以委託人名義與第三方進行交易，並由委託人直接承

擔相應的法律責任的經紀人。

假如上例中的老王聯繫上這家醬菜公司以後，醬菜公司委託老王按照一定的價格、質量收購一定數量的大蒜，完成任務後老王收取一定的佣金。這和行紀活動不同的是，老王是以醬菜公司的名義去收購大蒜，在收購過程中出現的所有問題，老王不承擔責任，而是由醬菜公司來承擔責任。

4. 自營經紀人

自營經紀人是指不靠別人的交易和接受別人的委託從中間取得佣金，而是自己通過低價買進，高價賣出行為來賺錢的經紀人。

假如例中的老王在知道醬菜公司想要大蒜的價格、數量、品質以後，自己出錢，以自己認為合適的價格，從鄉親們手裡收購大蒜，然後賣給醬菜公司，從買和賣中間賺取價格差。而老王要承擔在買和賣中可能出現問題的全部責任。

自營經紀人不是嚴格意義上的經紀人，是自營商與經紀人之間的過渡形式。自營經紀人的存在是由中國還處於社會主義初級階段這一基本國情決定的。

(二) 按照組織形式劃分

1. 個體經紀人

個體經紀人是指利用自己掌握的知識和資訊，在聯繫好市場後採取走村串寨、設點收購等方式，通過自己出資組織收購，或者運用自身信用將農戶產品收集起來，賣出之後，再把獲得的資金返還給農戶，從中獲得一定的收益的經紀人。

2. 農村經紀人協會

農村經紀人協會有一定的規章製度，有理事會等組織機構，抵禦市場風險的能力比較強，組織交易的農產品規模和金額較大。

3. 農村專業合作經濟組織

農村專業合作經濟組織除具有農村經紀人協會的功能外，還組織會員進行生產、參加培訓，使其掌握相應的生產知識，並通過促進產品流通使會員增收。

(三) 按照經營產業劃分

按照經營產業可分為特色產品（比如茶葉、辣椒、水果等）經紀人、蔬菜經紀人、畜禽產品經紀人、水產品經紀人、中藥材經紀人等。

(四) 按照類型劃分

1. 科技經紀人

科技經紀人是指利用自己掌握的技能，為農民服務並收取一定的佣金的經紀人。當前，現代化的農業生產科技迅速發展，而農業科技普及和應用相對落後，迫使農民聘請有關的科技人員來指導服務。

2. 資訊經紀人

資訊經紀人是指把自己掌握的科技、市場、種植、養殖、加工以及政策等多方面的資訊提供給農民，從中收取一定的資訊服務費的經紀人。在市場經濟條件下，發展農村經濟，離不開大量迅速、準確的市場消息。而一些農村相對偏僻，通信設備落後、

資訊閉塞，培養發展農村資訊經紀人，能指導農民少走彎路，早日致富。

3. 行銷經紀人

行銷經紀人，簡單地說就是買賣人、做生意的人。農村行銷經紀人在農村從事農產品的購銷活動，把農民生產的產品收過來再賣出去，把農民需要的生產資料買回來再賣給農民。這樣的經紀人能帶動一方產業的發展，帶動一個地區的致富。農產品的銷售是農民最頭痛的問題，農民最盼望有經紀人牽線搭橋，實現產銷銜接，解決農業生產的買難、賣難問題。農村行銷經紀人就是我們經常談到的農村經紀人。

4. 剩餘勞動力輸出經紀人

該類經紀人和某些城市的職業介紹所有聯繫，把農村的剩餘勞動力介紹到城市中從事建築、綠化、家庭服務等工作。

三、農村經紀人在經濟發展中的作用

中國隨著社會主義經濟體制的建立，特別是加入世界貿易組織後，宏觀經濟環境發生了根本性變化，中國商品短缺時代已結束，「買方市場」已經形成。同時加入世界貿易組織後國外農產品進入中國市場給農業生產帶來的巨大衝擊。在這樣的條件下，如何增加農業出路、增加農業收入已被提上各級政府的重要議事日程。農村經紀人由於其自身利益與農民的生產息息相關，加之其經營的靈活性，在一定程度上解決了小農戶與大市場的對接問題，其對農村經濟發展的作用越來越顯著。

(一) 推進了農業生產結構調整

成熟的農村經紀人從農業生產中獨立出來後，專注於農產品市場的資訊分析和產品銷售，充當生產與市場之間的聯結紐帶，提高了農產品進入市場的速度。農民則根據經紀人的意見和資訊安排生產，使生產出來的農產品和市場需求結合起來。在農村經紀人的連續服務過程中，農業生產結構得以不斷地按市場需求導向進行調整。

(二) 增加了農民的收入

以前農民自己要生產農產品，還要自己去銷售農產品，而往往由於資訊的缺乏，要麼產品銷售不出去，要麼售價很低。農村經紀人利用自身的市場資源將農民的產品推銷出去，使農民的生產活動能夠持續有效地轉變為不斷增長的現金收入，從而保證了農民增收。農村經紀人起到了聯繫農業生產和市場需求之間的紐帶作用。農民只管生產農產品，而把產品交給農村經紀人負責銷售，大大減少了風險，增加了收入。

(三) 促進了農村勞動力的合理利用

由於農業生產的季節性，農業生產中會出現階段性的剩餘勞動力。另外，把農民從土地中解放出來，投身到第二、三產業，帶動農村勞動力的轉移，推動農村小城鎮建設，成為農村經紀人的主要工作內容。

(四) 促進農村產業規模的擴大

農村經紀人自己的生產經營活動，以及農村經紀人在市場的仲介作用，對農民起著重要的示範和引導作用。受他們的影響，很容易形成一村一品、一鄉一業，甚至一

縣一業的格局。

(五) 推動了農村基層政府職能轉變

過去為了改變農業生產和市場需求之間相互脫節的狀況，農村基層政府往往採取行政指揮的手段安排農民的生產。在這個過程中，基層政府雖然做了種種努力，但由於採取的是非市場化手段，經常導致許多農產品無法順利銷售，不僅給農民造成經濟損失，而且也影響黨群關係。農村經紀人成長起來以後，農民生產什麼、生產多少，由農村經紀人根據市場需求進行安排。農民在生產中遇到市場及技術困難時，一般都找農村經紀人，不再找政府。這樣，農村基層政府就可以騰出更多的時間和精力，履行社會管理和公共服務職能，即「不找市長找市場，找不到市場找經紀」。

第二節　農村經紀人業務

一、經濟活動種類

農村經紀人經紀的種類很多，市場上有多少種商品交易和服務，就可能有多少種的經紀業務。當前已經出現的經紀業務有：農村現貨農產品經紀、農村技術經紀、農村勞動力轉移經紀、農村文化經紀、農村保險經紀和農村物流資訊經紀等經紀業務。相應地，也就有不同種類的農村經紀人，如表14-1所示。

表14-1　　　　　　　　　　農村經紀人分類表

類別	業務內容
農產品經紀人	從事農產品收購、儲運、銷售以及銷售代理、資訊傳遞、服務等仲介活動
農村技術經紀人	以「中間人」的身分來推廣各種高效的新品種、新技術，促進科技成果轉化為農村生產力
農村勞務經紀人	為勞動力供求雙方提供居間或者代理服務，充當農村勞動力供求雙方的仲介
農村文化經紀人	活躍在農村文化演出市場，為文化供需雙方牽線搭橋，滿足農民文化生活的需要，活躍農村文化市場，且能夠降低文化交易成本
農村保險經紀人	代表投保人選擇保險公司，洽談保險合同條款，為投保人和保險人訂立保險合同，代辦保險手續，提供仲介服務
農村物流資訊經紀人	利用現代資訊，為農村居民的生產、生活以及其他經濟活動提供運輸、搬運、裝卸、包裝、加工和倉儲等仲介服務

二、經紀活動內容

農村經紀人經紀活動內容主要包括五個方面，具體見表14-2。

表 14-2　　　　　　　　　　農村經紀人經紀活動一覽表

經紀活動	具體內容
資訊傳遞	這是經紀人的基本職能。經紀人接受委託去尋找相應的需求方或供給方，從中牽線搭橋，促成交易並收取佣金。在這種活動過程中，經紀人只是為供求雙方提供相互交流的機會，撮合雙方成交
代表一方談判	通過資訊傳遞，經紀人把供需雙方聯繫起來，經過委託方授權，在授權範圍內，經紀人可代表委託方與交易雙方進行談判，並把談判進程及時向委託人通報
交易諮詢	在交易者不大熟悉商務、法律等時，經紀人可以提供諮詢並協助其辦理有關手續
草擬文件	根據委託方的意思表示，經紀人可草擬經紀活動中有關文件。交易文件雖可由經紀人草擬，但必須通過協商最終確定，並由當事人簽名蓋章，方可生效
為交易提供保障	經紀人的活動和職能，是交易安全的一種保障，起著經濟擔保的作用。這種擔保不負連帶賠償責任，而是以信譽條件保證交易能夠完成

三、經紀活動方式

農村經紀人的經紀活動方式主要有居間、行紀和代理。

居間是指農村經紀人按照委託人的要求，為委託人與第三人訂立合同提供機會或進行介紹活動，這是經紀執業人員主要的經紀業務。行紀也叫信託，是指經紀人受託人的委託，直接為委託人辦理委託事項，並從中收取佣金。代理是指經紀人必須根據委託人的委託，在代理權限範圍內，為委託人進行代理活動。

四、經紀活動的運作過程

經紀活動的運作過程是經紀人根據自己的經紀業務實際來設計的，科學的運作程序是經紀仲介服務獲得成功的保證。

不同經紀人的經紀運作程序是不一樣的，就一般經紀業務而言，經紀運作程序包括接受委託、簽訂經紀合同、尋找合作夥伴、業務洽談、促成交易、獲取佣金等，見圖 14-1。接受委託是經紀運作程序的第一步，沒有委託就沒有經紀仲介業務。委託又稱委任，是指當事人和經紀人雙方約定，當事人為委託人，經紀人為受託人，雙方要明確各自的責任義務。尋找合作夥伴後，通過交易夥伴資產信用和履約能力調查，經紀人可及時撮合交易成交，這是經紀活動的最終目的。

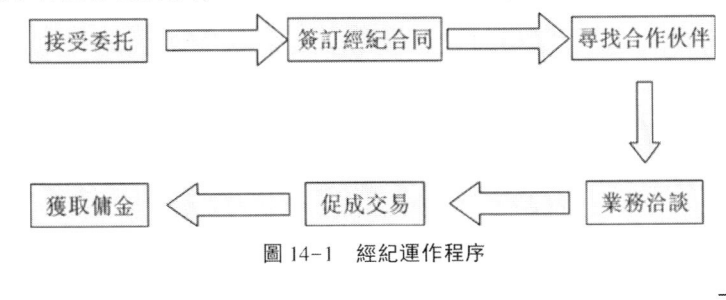

接受委託 → 簽訂經紀合同 → 尋找合作伙伴 → 業務洽談 → 促成交易 → 獲取佣金

圖 14-1　經紀運作程序

科學的經紀運作程序來自社會經紀的實踐，經濟活動成功率的高低，很大程度上取決於經紀機構的健全、完善和發展成熟度。

五、農村經紀人的發展現狀及面臨問題

(一) 農村經紀人的發展現狀

1. 農村經紀人規模與經營規模不斷擴大

據農業部不完全統計，目前中國已有農村經紀人540多萬人。除此之外，在農村還有大量從事臨時性或季節性經紀活動、未登記而難以統計的農村經紀人。農村經紀人的經營範圍不斷拓寬，20世紀80年代，「販運戶」（農村經紀人的前身）的經營主要集中在蔬菜水果等農副產品項目上，而目前農村經紀人的生產經營範圍幾乎覆蓋了農業生產與經營的方方面面，並逐漸從第二產業向第三產業延伸，有一批經紀人已經走上了「產+銷」一體化經營的路子。

2. 農村經紀人類型多種多樣

目前活躍在全國各地的農村經紀人類型多種多樣。若按活動空間劃分，有區域性經紀人和跨區域性經紀人；按活動時間劃分，有職業性經紀人和臨時性經紀人；按經營領域劃分，有產品行銷經紀人、技術經紀人和資訊經紀人；按業務類型劃分，有居間、代理、行紀經紀人；按運作方式劃分，有龍頭企業帶動型（龍頭企業+經紀人+農戶）、基地帶動型（基地+經紀人+農戶）等各種類型。

3. 農村經紀人活動方式多樣

農村經紀人按照市場需求選擇經營品種，行銷方式靈活多樣。他們以個人或組織身分開展經濟活動，具有決策自主、經營靈活的顯著特點。作為農產品銷售的聯繫橋樑，按照市場需求選擇經營品種，他們充分利用報紙、電視、網路等媒體獲取商品供求資訊，通過走訪集貿市場、參加農產品展銷會等方式聯繫客戶、尋找商機。他們中大多數人直接從事產品購銷，在本地和外地設立流動或固定購銷點，低買高賣，獲取差價利潤。很多經紀人建立和完善農產品行銷網路，活躍了農產品的流通。

(二) 當前農村經紀人面臨的主要問題

1. 缺乏政府部門的鼓勵扶持政策和仲介服務組織的支持

有些部門對農村經紀人在調整農業產業結構中的作用缺乏足夠的認識，存在不關心、不扶持現象，個別單位還存在對農村經紀人亂收費、亂設關卡等現象。媒體對農村經紀人的宣傳力度也不強。此外，部分農村經紀人對登記註冊條件和程序等知識瞭解不夠。目前社會上對經紀人仍有偏見，「倒買倒賣」「無奸不商」「投機鑽營」「二道販子」等舊觀念在人們的頭腦中還根深蒂固，致使農村經紀人社會地位和知名度低。

2. 農村經紀人總體上文化程度較低，經濟效率不高

目前，中國農村經紀人擁有中專以上學歷的不到一半，不少經紀人只是憑個人經驗闖市場，對相關的政策和法律也知之甚少，因而經紀活動帶有隨意性、盲目性。缺乏規範性，由此造成了一些不必要的糾紛。同時，農村經紀人的資訊來源單一。大多數農村經紀人的資訊來源主要靠相互之間口頭傳遞或通過電話相互溝通，資訊管道狹

窄、時效性極差。

3. 市場進入標準混亂，無證經紀較為普遍

農村經紀人發展不平衡，地域性和產業差異較為突出，無照經營、「地下」經營較為普遍。就全國而言，60%以上的經紀人沒有經紀人資格證書而直接進入市場經營。

4. 服務單一、手段落後，總體水準較低

目前農村經紀人單幹多、個體行銷多，分工協作少、聯合少；在農產品的流通中，在本地行銷的多，在外地甚至國外行銷的少；傳統手段行銷多，拍賣、電子商務等新興手段運用得少，連鎖經營、物流配送等現代流通方式運用得少；收購農副產品的多，從事農業新技術仲介服務的少，生產、加工、保鮮、貯藏、運銷等一體化經營少。

5. 信譽觀念和品牌意識不強、競爭力弱

少數經紀人不講誠信，無視商業信用和職業道德，形成價格壟斷，坑農、害農、損農的現象時有發生；有的農村經紀人與農民採取「口頭協議」從事收購活動，不認真履行義務，傷害農民利益；有的利用虛假資訊誘導農民簽訂合同，不擇手段地壓級壓價、欺行霸市、強買強賣，影響了自身形象。大多數農村經紀人沒有意識到品牌給農產品帶來的豐厚附加值，缺少必要的行銷手段。農村經紀人大部分都是自己經營自己的業務，單打獨鬥、各自為戰，沒有形成集體化生產經營，規模小，缺乏抵禦風險的能力，對區域經濟拉動作用也小。

六、培育和發展農村經紀人的有效途徑

(一) 加大宣傳力度，深化思想認識

農村經紀人是活躍在農村經濟領域，為促成他人交易提供仲介服務並獲取不同形式收益的自然人、法人或其他經紀組織。要充分認識農村經紀人的作用——農村經紀人以促成農副產品的流通，實現農業生產和市場之間的對接為目的，對發展農業經濟、改善農村面貌、提高農民收入、促進農村產業結構調整有著巨大的推動作用。因此，農村經紀人成長的快慢、綜合素質的高低直接關係到農村經濟的發展和廣大農民的增收。

各級黨委、政府一定要轉變傳統觀念，充分認識農村經紀人在農村經濟發展中的重要作用，採取各種形式，加大發展農村經紀人對促進農村經濟發展的重要作用的宣傳，讓社會各界都來關心、重視農村經紀人的發展工作。

要從實踐「三個代表」重要思想、促進科學發展、構建和諧社會的高度，深刻認識培育和規範發展農村經紀人的重要意義。

要充分利用電視、廣播、報紙等媒介加大宣傳力度，將農村經紀人的作用和地位、經紀人的組織形式、註冊條件和註冊程序等宣傳到鄉村。可把農村經紀人經紀活動方式、簽訂經紀合同等事項製作成專題片等向農民進行展示。

要對帶領鄉親致富的農村經紀人典型和守法守信農村經紀人典型，通過多管道、多形式進行宣傳和示範，以此提高農村經紀人的地位，擴大農村經紀人在農村的影響範圍，引導農民積極投身於農村經紀人產業。

（二）加強組織機構建設，逐步規範管理

要使農村經紀人發揮好其應有的作用，加強組織機構建設，逐步進行規範化管理是一個十分重要的關鍵環節。沒有組織機構，就難以進行規範化管理；不進行規範化管理，農村經紀人就難以發揮出應有的作用。

一是可以成立各級農村經紀人協會，選出有影響、有威望、有實力的農村經紀人擔任協會領導，定期開展活動。要有效地組織農村經紀人建立自律組織，幫助農村經紀人自律組織建立起政府與經紀人之間、經紀人和經紀人之間相互溝通的管道。通過自律組織開展法律法規及政策的諮詢，傳遞市場資訊，開展經紀行為自我管理，維護農村經紀人的合法權益。

二是可以成立各級農村經紀公司，把各地分散的農村經紀人組織到公司裡，讓其成為公司的一員，使其有單位有領導，便於開展工作和進行管理。

（三）加大引導力度，構建資訊平臺

農村經紀人經紀活動分散、經營規模小、資訊閉塞，他們急需建立相互瞭解和溝通的平臺。各級地方政府要加大對農村經紀人的引導和指導力度。

根據當地農副產品的生產和銷售情況，定期或不定期地召開資訊發布會，召集當地的農村經紀人進行資訊和經驗交流，通報黨和國家近期的政策動向，介紹市內外、區內外、鎮內外、村內外的市場動態，提供一些供求資訊，為農村經紀人做一些有益的服務，從而調動他們的工作積極性和主動性。

加強資訊服務，要利用現代資訊網路，改善資訊的收集、分析、傳遞和發布工作，促進資訊互通、資源共享，鼓勵開展網上交易，使農村經紀人的經紀行為網路化、高效化。

（四）規範市場進入標準製度，壯大農村經紀人隊伍

農村經紀人主要來自當地的農民，他們文化水準相對較低，對經紀工作知道得不多，綜合素質不高，如果嚴格按農村經紀人的進入標準條件，多數是達不到要求的。要迅速發展壯大農村經紀人隊伍，就要在市場進入標準環節根據實際情況調整相應政策，鼓勵更多的農民投身於農村經紀人產業。因此，工商部門在不違反法律法規及行政規章製度的前提下，按照「非禁即許」的原則，適當放寬農村經紀人的進入標準條件，形成一套先發展、後培訓、再規範的工作機制。

要做好登記服務，對申請辦理註冊登記的農村經紀人，在限期內給予快捷、簡便的登記服務；對季節性從事經紀活動的農村經紀人，依照申請人的申請依法進行註冊登記；對從事個體經營的農村經紀人免收工商登記費和管理費。

要做好商標服務，深入開展「商標上山下鄉」活動，引導農村經紀人運用商標戰略開展特色經紀；鼓勵經紀服務註冊服務商標，打造「經紀品牌」；廣泛推行「公司+農戶+商標+市場」的經營模式，積極幫助農戶和涉農企業註冊農戶商標，申報集體商標，打造「品牌農業」；在認定和推薦市著名商標、中國馳名商標時，把農產品和農業產業化龍頭企業列為工作的重點，實行政策傾斜。

建立健全農村經紀職業人員備案及基本情況明示製度；建立健全農村經紀人及執業人員檔案，實施信用分類管理，依法查處無照經營的「地下」農村經紀活動。

(五) 加大示範力度，發揮樣板作用

要積極動員組織農村黨員帶頭做農村經紀人，發揮好農村經紀人領頭雁的作用。組織動員一些有知識、有文化、年富力強的農村黨員帶頭做農村經紀人，有效地帶動農村經紀人發展，並成為農村經紀人中的領頭雁，組織帶領好農村經紀人隊伍。以農副產品行銷、農業生產資料、農村技術服務和勞務輸出等領域為重點，結合當地經紀發展實際和產業發展優勢，培育發展一批創效高、信譽好、貢獻大、帶動能力強的農村經紀能人，發揮其示範帶動效應。

(六) 建立獎懲機制，增強發展活力

各級政府要建立一套行之有效的獎懲激勵機制，鼓勵更多的農村經紀人走出本地市場，放眼外地市場，甚至放眼國際市場。對貢獻突出的農村經紀人實行重獎，對違反有關法律法規和政策的農村經紀人給予嚴懲。這樣，做到獎懲分明，充分調動農村經紀人的開拓創新精神和工作積極性與主動性，推動農村經濟的快速發展。

(七) 加強培訓力度，提高綜合素質

農村經紀人絕大多數文化水準較低，對黨的一系列農村政策知之甚少，對經紀知識也是一知半解。因此，加強對農村經紀人的培訓顯得尤為重要。積極探索建立「政府牽頭、部門培訓」的培訓機制，工商分局、農業局和職業學校等要密切配合，採取一系列有力的培訓措施，加強對農村經紀人的培訓力度，使其掌握農村經紀人應具備的一些基礎知識、技能知識以及黨在農村的一系列方針、政策。通過培訓，提高農村經紀人的綜合素質，以使其在工作中得心應手。培訓的內容包括：經紀人基本理論和知識；經紀人設立及登記規範；市場行銷知識；合同法律知識、合同基本技巧；商標基本常識及理論等。與此同時，還要根據農村經紀人及農民的需要，協助有關組織、邀請有關專家進行農業生產技術知識的培訓。

(八) 加強監督管理，促進行紀規範

在鼓勵農村經紀人發展的同時，應嚴格按照《經紀人管理方法》的規定對其經紀行為加以規範，健全農村經紀執業人員備案以及執業人員基本情況明示製度，加強農業經紀合同指導，監督經紀職業人員在經紀合同中簽名，建立健全農村經紀人信用記錄及檔案，逐步完善農村經濟職業人員自我約束和社會監督機制。對於農村經紀人坑農、害農的行為要堅決予以查處，重點查處利用虛假資訊誘導農民簽訂合同、欺行霸市、強買強賣的違法經紀行為，促進農村經紀產業的健康發展。

第十五章　國際貿易經紀人

隨著中國經濟進一步融入世界經濟，國際貿易、投資、融資加速發展，國內經紀人的業務範圍不斷延伸。由於國際貿易、金融投資等業務受各國政治、法律、經濟發展狀況、文化背景等諸多因素影響，相較國內業務而言更為複雜，因此國際經紀業務逐漸從國內經紀業務中分離出來，並同時湧現出專業化的國際經紀人隊伍。

第一節　國際經紀人概述

一、國際市場分類

國際市場是商品交換在空間範圍上擴展的產物，它表明商品交換關係突破了一國的界限。國際市場又是不同的文明、文化，在時間、空間上交織而成的多維概念。從時間上看，國際市場是一個歷史的概念，有其萌芽、形成和發展的過程；從空間上看，國際市場是一個地理的概念，它總是相對於某一個具體範圍內的市場而言。國際市場按照不同標示分為以下種類：

（1）按照歷史邏輯的演進和國際市場交換關係所涉及的空間範圍大小，國際市場可以細分為外國市場、國際區域市場和世界市場三個不同的層面。其中，外國市場是指商品交換的範圍突破國別的界限，由某國與其他國家之間的商品交換關係構成的市場。通常，外國市場即指國別市場，如美國市場、日本市場等。國際區域市場是指商品交換關係進一步擴大，由若干個國家或地區構成的統一市場，如歐盟、北美自由貿易區等。世界市場是指全球的統一市場，是在世界範圍內的所有國家或地區之間，在國際分工基礎上交換商品、交換勞務和進行資源配置所形成的統一體。按照地區劃不同，可以分為歐洲市場、北美市場、亞洲市場、非洲市場、拉丁美洲市場和大洋洲市場。

（2）按照不同類型的國家劃分，可以分為發達國家市場、發展中國家市場和落後國家市場等。

（3）按照經濟集團劃分，可以分為歐盟市場、中美洲市場、東南亞聯盟市場、西非國家經濟共同體市場、阿拉伯共同市場等。

（4）按照商品構成情況劃分，可以分為工業製成品市場、半製成品市場和初級產品市場。工業製成品市場又可分為機械產品市場、電子產品市場、紡織品市場等。

（5）按照交易對象劃分，可以分為商品市場、勞務市場、技術市場、資本市場、

勞動力市場等。

（6）按照壟斷程度劃分，又可以分為壟斷性市場、半壟斷性市場和非壟斷性市場等。

二、國際經紀人及其分類

（一）定義

國際經紀人是指在國際上從事商務活動，處於買賣交易中間人的地位，為買賣雙方介紹交易、促成交易並獲取佣金的個人或組織。

國際貿易區別於國內貿易，因為它們的貿易基礎、面臨的環境、所使用的貨幣及承擔的風險不同。因此，國際經紀人是國際貿易活動複雜化、國際金融市場發展的必然要求，是商品生產和商品交換發展到一定程度的必然產物。

（二）分類

1. 根據所在領域劃分

（1）國際貿易經紀人。國際貿易經紀人是指在國家間的商品和勞務交換過程中，掌握靈通的市場資訊，具有紮實的專業知識、熟練的業務技巧和較準確的心理判斷，為買賣雙方提供各種貿易服務，並據以收取佣金的中間商。國際貿易經紀人還可細分為有形商品貿易經紀人和無形商品貿易經紀人。其中，無形商品貿易經紀人又可分為國際勞務經紀人、國際技術經紀人、國際保險經紀人等。

（2）國際金融經紀人。國際金融經紀人是指在貨幣和資本的國際轉移領域為資金供求雙方提供經紀服務，並收取佣金的中間商。金融市場範圍廣泛、產品繁多、變化迅速，相關業務內容龐雜、手續繁復，有關的法律和規章製度約束性強，故國際金融活動中交易雙方面臨著較大風險。為了抓住轉瞬即逝的機會和規避風險，他們往往需要尋找經紀人牽線搭橋，完成交易。根據金融商品的不同，國際金融經紀人一般包括外匯經紀人、金融期貨經紀人、國際證券經紀人和黃金市場經紀人等。

2. 根據交易場所劃分

（1）交易所國際經紀人。目前國際上商品貿易或金融活動有不少是採取交易所形式開展的，例如一些大宗商品的現貨、期貨，以及證券交易等，都有指定的交易場所。交易所交易的優勢是標準化協議和規範化操作，提高效率的同時也便於監管。交易所國際經紀人按照相關交易所的法規，代表客戶進行國際商品或國際證券的交易，並收取佣金。

（2）場外國際經紀人。大量的國際商品貿易和金融活動並沒有固定的交易場所，也沒有標準的流程，主要依靠交易雙方的協商和經紀人的仲介。這一類經紀人不在交易所內撮合交易，屬於場外國際經紀人。

三、國際經紀人的特徵

1. 綜合素質高

從事國際商品、國際金融的經紀工作，要求經紀人每天接收大量的資訊，並能從

中做出理智的分析和判斷，面對瞬息萬變的市場能反應敏捷。而且，由於經紀活動跨越了國界，他們不僅要對各國的風俗人情、交通運輸、法律法規、政治經濟等有所瞭解，在業務操作上，也要具備較高的專業素養，並能與不同文化背景的交易者溝通和保持良好的業務關係。這些都說明，一個合格的國際經紀人需要擁有較高的綜合素質。

2. 業務成本高

國際經紀人的業務成本不僅體現在貨幣成本，如需要與不同國家的交易方聯絡，需要更多的通信費用，還體現在一些無形的隱含成本，如相對於國內業務而言，國際貿易手續更繁復，也需要花費更多的時間去學習不同地方的製度與文化等。

3. 承擔風險大

國際經濟往來中的風險來自多方面，不僅有來自宏觀的政治、經濟、文化等因素，還有來自微觀的貨幣、信用、商品等因素；不僅有自然因素（如海上風暴對貿易運輸的影響），還有人為因素（如裝卸搬運的失誤）等。這些風險帶來的損失都有可能給經紀人的工作帶來困擾。

四、國際經紀人應具備條件

1. 熟悉國際業務的法律法規

國際經紀人的業務範圍拓展至全球，要對不同國家和地區的相關法律法規有所瞭解。尤其是在中國加入 WTO 之後，對外經濟活動逐漸融入國際環境，並依賴國際通行規則。這一方面要求國際經紀人在業務活動中能夠遵守相關的法律法規，按照國際慣例辦事；另一方面，在對外業務中發生糾紛時，也要善於利用國際規則來解決問題和爭取有利地位。

2. 掌握國際貿易和國際金融的專業知識

國際經紀人從事國際貿易實務，必須廣泛掌握國際貿易專業知識，包括國際貿易中的基本概念、基本原理、業務流程、物流與貨運、貨物通關、檢驗檢疫等。首先，要瞭解進出口業務談判的全過程，明確訂立有效的進出口合同所應包括的各項內容，諸如商品的數量和品質、商品的包裝和價格、商品的裝運和保險、貨款的支付、商品的檢驗和爭議的處理等。其次，要正確理解並應用國際貿易術語，維護自身的利益。最後，熟悉進出口業務的一般步驟和程序，瞭解在進出口業務中的開證、審證、改證、備貨、報檢、租船訂艙、投保、報關、裝運和製單結匯、索賠和理賠等各個環節所需要辦理的手續。

國際金融的相關知識不僅是從事外匯、國際貨幣、國際證券市場經紀業務所必須掌握的，也是從事國際貿易經紀應該瞭解和熟悉的。國際金融經紀人還必須具備關於外匯交易、同業拆借、證券買賣等方面深入的專業知識，這樣才能在業務運作中駕輕就熟，提高成交率。

3. 有較強的語言能力

國際經紀人面對的客戶常常是他國的居民或組織，要使經紀業務得以順利開展，必須有效地聯繫供需雙方，明確供需雙方的意願和要求。這就要求國際經紀人要有良好的溝通能力，首先表現在具備較高的外語水準。在仲介活動中，精通客戶的母語，

能縮短雙方的距離，有利於準確無誤地瞭解對方的要求，從而更有效地促成交易。就算有時不需要直接運用外語，掌握多種語言也有利理解不同國度的文化背景，鍛煉語言邏輯能力，提升綜合素質，這對經紀活動也是大有裨益的。

第二節　國際貿易經紀人

一、國際貿易概述

國際貿易是在國際分工和商品交換基礎上形成的。在奴隸社會，由於生產力低下、交通不便、商品流通量小，國際貿易很有限，交易的商品主要是奴隸和供奴隸主消費的奢侈品。在封建社會，隨著社會經濟的發展，國際貿易也有所發展。這一時期，中國與歐亞各國通過絲綢之路進行國際貿易活動，地中海、波羅的海、北海和黑海沿岸各國之間也有貿易往來。15世紀末至16世紀初的地理大發現，推動了國際貿易的發展。當時參與貿易的商品主要是一般消費品和供封建主消費的奢侈品。

資本主義生產方式產生後，特別是產業革命以後，由於生產力迅速提高，商品生產規模不斷擴大，國際貿易迅速發展，並開始具有世界規模。從17世紀到19世紀，資本主義國家的對外貿易額不斷上升，英國在國際貿易中長期處於壟斷地位。當時參與國際貿易的商品主要是一般消費品、工業原料和機器設備。19世紀末進入帝國主義時期後，形成了統一的無所不包的世界經濟體系和世界市場。

此後，第一次世界大戰和1929—1933年世界經濟危機使資本主義世界經濟遭到很大破壞，世界貿易額銳減並停滯不前。第二次世界大戰後，國際貿易進一步擴大和發展，美國成為國際貿易中的頭號大國。20世紀50年代以後，隨著生產的社會化、國際化程度不斷提高，特別是新科技革命帶來的生產力的迅速發展，國際貿易空前活躍並帶有許多新的特點，貿易中的製成品已超過初級產品而占據主導地位，新產品不斷湧現，交易方式日趨靈活多樣。

當代國際貿易以發達國家為主，美國仍是世界最大的貿易國，但地位有所下降；德、日等國的對外貿易有極大發展；廣大發展中國家在國際貿易中所占比例不大，但與自身相比，對外貿易也有了很大發展，成為國際貿易中一支不可輕視的力量。國際貿易在當代國際事務中具有舉足輕重的影響，對各國自身的經濟發展也有重要意義。

根據國際貿易商品形態，大致可以劃分為有形商品的國際貿易和無形商品的國際貿易。

二、有形商品國際貿易經紀人應注意的問題

首先，買賣雙方必須明確商品的品名、品質、數量、包裝、價格等基本條件，並且應該在買賣合同中作出明確的規定，便於國際貿易的順利進行，並避免不必要的糾紛。

其次，在國際貿易實踐中，貨物運輸路途遙遠、情況複雜，較容易因為自然災害

或意外事故而遭受損失，買賣雙方也要對商品的運輸方式作出安排，選擇相應的投保險種，並在進出口合同中對商品的裝運和保險事項進行明確而具體的規定。

再次，貨款的收付直接影響到買賣雙方的資金週轉和融通，關係到金融風險和費用的負擔。支付條款是關係到買賣雙方利益的關鍵問題，交易雙方在進行進出口業務談判和合同簽訂過程中，應就這一問題達成一致，並在合同中對相關的支付工具、付款時間與地點、支付方式等進行確定。

最後，要做好進出口合同的檢驗和爭議處理。在國際貿易中，由於長途運輸而使貨物發生殘損、短少甚至滅失的情況屢見不鮮，而因貨物的品質、數量和包裝等問題發生爭議的情況也經常出現，為了便於查明貨損原因，確定責任歸屬，需要商品檢驗機構對貨物及時進行檢驗與鑑定。

三、無形商品國際貿易經紀人業務內容

1. 國際勞動力經紀人

在當代國際經紀活動中，活躍著規模日益龐大、跨越國界的勞動力大軍。隨著世界經濟一體化的發展，國際上的勞務人員流動會越來越頻繁。在國際勞務市場上，國際勞務經紀人從事國際勞務經紀，提供仲介服務進行國際勞務合作，促成一國派出技術人員、工人或其他人員，前往另一國為需要勞務的業主提供各種不同的技術、工程建設等專業服務，並收取佣金。

2. 國際技術貿易經紀人

國際技術貿易是指不同國家的企業、經濟組織和個人之間，按照一般商量條件，交易技術使用權的貿易行為。對於某一國家而言，有技術出口和技術引進兩個貿易方向。國際技術貿易採用的方式有許可貿易、特許專營、合作生產、技術服務與諮詢等。其中，許可貿易又稱許可證貿易，是指知識產權或專有技術的所有人作為許可方，通過與被許可方簽訂許可合同，將其所擁有的技術授予被許可方，允許被許可方按照合同約定的條件使用該項技術，制造或銷售合同產品，並由被許可方支付一定數目的技術使用費的交易行為。

技術服務與諮詢是指獨立的專家、專家小組或諮詢機構作為服務方，應委託方要求，就某一個具體的技術課題向委託方提供高知識性服務，並由委託方支付一定數額的技術服務費的活動。技術服務與諮詢的範圍和內容相當廣泛，包括產品開發、成果推廣、技術改造、工程建設、科技管理等方面，大到大型工程項目的工程設計、可行性研究，小到對某個設備的改進和產品質量的控制等。

國際技術貿易合同是指分屬兩國的當事雙方就實現技術轉讓這一目的而締結的規定雙方權利義務關係的法律文件。它的形式往往是與國際技術貿易方式相對應的，如許可合同、技術服務和諮詢合同、合作生產合同、設備合同等。其中許可合同是最基本和最普遍的一種形式，技術服務和諮詢合同也較典型，被廣為採用。

3. 國際保險經紀人

國際保險經紀人涉及的保險類別與國內保險經紀人所涉及的保險類別有很大的區別。在國際貿易中，貨物的交接要經過長途運輸、裝卸和存儲等環節，遇到各種風險

而遭受損失的可能性較大。國際保險經紀人的主要業務即是為國際貿易相關保險提供仲介。

國際貿易保險的種類以其保險標的的運輸工具種類相應分為四類：海洋運輸貨物保險、陸上運輸貨物保險、航空運輸貨物保險和郵包保險。

（1）海洋運輸貨物保險。

①平安險。平安險英文原意是指單獨海損不負責賠償。當前平安險的責任範圍已經超出只賠全損的限制。

②水漬險。水漬險的責任範圍除了包括上列「平安險」的責任外，還負責被保險貨物由於惡劣氣候、雷電、海嘯、地震、洪水等自然災害所造成的部分損失。

③一切險。一切險的責任範圍除包括上列「平安險」和「水漬險」的所有責任外，還包括貨物在運輸過程中，因各種外來原因所造成保險貨物的損失。不論全損或部分損失，除對某些運輸途耗的貨物，經保險公司與被保險人雙方約定在保險單上載明的免賠外，保險公司都給予賠償。

（2）陸上運輸貨物保險。

陸上運輸貨物保險是貨物運輸保險的一種，分為陸運險和陸運一切險兩種。

陸運險的責任範圍包括被保險貨物在運輸途中遭受暴風、雷電、地震、洪水等自然災害，或由於陸上運輸工具（主要是指火車、汽車）遭受碰撞、傾覆或出軌，如在駁運過程，包括駁運工具擱淺、觸礁、沉沒或由於遭受隧道坍塌、崖崩或火災、爆炸等意外事故所造成的全部損失或部分損失。保險公司對陸運險的承保範圍大致相當於海運險中的「水漬險」。

陸運一切險的責任範圍除包括上述陸運險的責任外，保險公司對被保險貨物在運輸途中由於外來原因造成的短少、短量、偷竊、滲漏、碰損、破碎、鈎損、雨淋、生鏽、受潮、發霉、串味、沾污等全部或部分損失，也負責賠償。

（3）航空運輸貨物保險。

保險公司承保通過航空運輸的貨物，保險責任是以飛機作為主體來加以規定的。航空運輸貨物保險也分為航空運輸險和航空運輸一切險兩種。

航空運輸險的責任範圍包括被保險貨物在運輸途中遭受雷電、火災、爆炸或由於飛機遭受惡劣氣候或其他危難事故而被拋棄，或由於飛機遭碰撞、傾覆、墜落或失蹤等意外事故所造成的全部或部分損失。

航空運輸一切險除包括上述航空運輸的所有責任外，對被保險貨物在運輸中由於外來原因造成的包括被偷竊、短少等全部或部分損失也負賠償之責。

（4）郵包保險。

郵包保險是指承保通過郵政局郵包寄遞的貨物在郵遞過程中發生保險事故所致的損失。

以郵包方式將貨物發送到目的地可能通過海運，也可能通過陸上或航空運輸，或者經過兩種或兩種以上的運輸工具運送。不論通過何種運送工具，凡是以郵包方式將貿易貨物運達目的地的保險均屬郵包保險。郵包保險按其保險責任分為郵包險和郵包一切險兩種。前者與海洋運輸貨物保險水漬險的責任相似，後者與海洋運輸貨物保險

一切險的責任基本相同。

　　郵包保險的責任範圍為：被保險郵包在運輸途中由於惡劣氣候、雷電、海嘯、地震、洪水自然災害或由於運輸工具遭受擱淺、觸礁、沉沒、碰撞、傾覆、出軌、墜落、失蹤以及由於失火爆炸意外事故所造成的全部或部分損失。

國家圖書館出版品預行編目(CIP)資料

現代經紀人理論與實務教程 / 陳淑祥、張馳、冉梨 編著. -- 第一版.
-- 臺北市：崧燁文化，2018.08

面 ； 公分

ISBN 978-957-681-435-8(平裝)

1. 經紀人

498.4　　　107012345

書　　名：現代經紀人理論與實務教程
作　　者：陳淑祥、張馳、冉梨 編著
發行人：黃振庭
出版者：崧燁文化事業有限公司
發行者：崧燁文化事業有限公司
E-mail：sonbookservice@gmail.com
粉絲頁　　　　　　網　址：
地　　址：台北市中正區重慶南路一段六十一號八樓815 室
8F.-815, No.61, Sec. 1, Chongqing S. Rd., Zhongzheng
Dist., Taipei City 100, Taiwan (R.O.C.)
電　　話：(02)2370-3310　傳　真：(02) 2370-3210
總經銷：紅螞蟻圖書有限公司
地　　址：台北市內湖區舊宗路二段121巷19號
電　　話：02-2795-3656　傳真：02-2795-4100　網址：
印　　刷：京峯彩色印刷有限公司（京峰數位）

　　本書版權為西南財經大學出版社所有授權崧博出版事業股份有限公司獨家發行電子書繁體字版。若有其他相關權利需授權請與西南財經大學出版社聯繫，經本公司授權後方得行使相關權利。

定價：300 元

發行日期：2018 年 8 月第一版

◎ 本書以POD印製發行